全彩图解

U0182491

无人机
工作系统实用技术
（项目式·含活页）

深圳市无人机行业协会 组编

远洋航空教材编写委员会 编

机械工业出版社

CHINA MACHINE PRESS

无人机的应用不仅是一个新兴的技术领域，更是经济发展、军事探测、国际救援、航空摄影等多领域与智慧城市、数字中国等多主题相配合的载体。随着无人机行业进入渠道成熟阶段，各细分领域也逐步完善，对无人机人才的需求也更加紧迫。

本书以项目的形式，展开对无人机各个子系统的介绍。主要内容包括无人机构型认知与选择、无人机动力系统、无人机航电系统、无人机飞控系统、无人机导航系统、无人机指挥控制通信系统、无人机载荷系统、无人机发射与回收系统 8 个项目，并配有活页式工作手册。

本书适于高职高专和技师学院无人机应用技术及相关专业的学生学习，也可作为无人机爱好者和培训机构的参考用书。

图书在版编目（CIP）数据

无人机工作系统实用技术：项目式·含活页 / 远洋航空教材编写委员会编. -- 北京：机械工业出版社，2021.6（2025.1重印）

职业院校无人机应用技术专业系列教材

ISBN 978-7-111-68461-9

Ⅰ.①无… Ⅱ.①远… Ⅲ.①无人驾驶飞机—高等职业教育—教材 Ⅳ.①V279

中国版本图书馆CIP数据核字（2021）第110907号

机械工业出版社（北京市百万庄大街22号　邮政编码100037）
策划编辑：王　博　　责任编辑：王　博
责任校对：张　力　　责任印制：刘　媛
涿州市殷润文化传播有限公司印刷
2025年1月第1版第4次印刷
184mm×260mm·15.25印张·254千字
标准书号：ISBN 978-7-111-68461-9
定价：59.80元

电话服务　　　　　　　　网络服务
客服电话：010-88361066　　机 工 官 网：www.cmpbook.com
　　　　　010-88379833　　机 工 官 博：weibo.com/cmp1952
　　　　　010-68326294　　金 书 网：www.golden-book.com
封底无防伪标均为盗版　　机工教育服务网：www.cmpedu.com

序

    读完《无人机工作系统实用技术（项目式·含活页）》书稿后，感慨良多。无人机作为一类新技术产物，不仅具备航程远及体积小等优势，还可以对高精尖核心科技加以应用，在军事和民用领域已得到广泛关注。无人机在我国推广和应用以来备受重视，在具体的实际应用中，无人机成为我国国防建设、地质勘测、电网巡视、高速公路巡查、气象监测、海事巡逻等多个领域所采用的作业手段和提升产业规模水平的重要工具。可以预见，无人机技术在未来战场上的用途将会越来越大，它必然会成为世界各军事大国武器装备发展的重点，同时，将在环境监测、电力巡查、农业植保、影像航拍、摄影测量等领域发挥重要的作用。新常态下，无人机高技能人才必将成为工业、农业、服务业急需的专门人才。

    尤其在此次抗击新冠肺炎疫情的战斗中，无人机的身影出现在高速路口、乡间村落、城市楼宇、田间农地、医院工厂等场景，在抗疫前线发挥了重要的作用，工业无人机的场景应用全面爆发，其用途与优势得到很好的发挥与验证。工业无人机的应用不会昙花一现，预计未来工业无人机行业将迎来快速发展阶段。同时，无人机已进入公众的视野，一场无人机的普及课也通过网络悄无声息地进行着，这对消费级无人机市场的拓展也起到了重要的推动作用。我身为中国无人机行业中最大的协会——深圳市无人机行业协会的会长，深感责任重大、任务紧迫，这也是多年来时常涌现在我心中的一件大事。

    远洋航空是全国航空工业职业教育教学指导委员会战略合作伙伴，全国人工智能职业教育集团无人机专业委员会秘书长单位，现代职业教育研究院常务理事单位，全国职业教育社会培训合作联盟副理事长单位，深圳市无人机行业协会副会长单位及教育培训专业委员会主任单位，中国小康建设研究会教育工作委员会代表机构。我有幸参与了本书的组织编写工作，希望能为推动中国民用无人机行业快速、可持续发展做些实事，为中国无人机行业人才的快速发展尽绵薄之力。

    本书对无人机各分系统的介绍重点突出，注重理论与实践的结合，图文并茂，引人入胜。本书汇集了众多院校和企业专家的心血，可作为高职高专、技师学院无人机技术及相关专业教材，也可作为无人机爱好者、从业者的读物。

    谨以此序，感谢所有的参与人员，并与行业的各位专家共勉。

深圳市无人机行业协会会长

前　言

2021年3月12日，教育部印发《职业教育专业目录（2021年）》，其中高等职业教育专科专业测绘地理信息类新增"无人机测绘技术"专业，高等职业教育本科专业航空装备类新增"无人机系统应用技术"专业。

由此可见，无人机在高等职业教育领域已备受欢迎，无人机人才培养对于整个无人机产业健康发展有着重要的作用，其人才培养的必要性已得到教育界认可。

目前，从教育部到全国各地，都大力支持各院校开办无人机相关专业，而学习者对无人机各工作系统的深入掌握始终都是无人机行业应用的基础。为了适应我国无人机高技能型紧缺人才培养的需要，满足高等职业院校以就业为导向的办学目标和要求，也为了配合院校开展理实一体化教学的需要，根据无人机专业教学大纲及国家职业能力标准的要求，我们编写了本书。

本书总结了全国职业技术院校专业教学经验，注重以学生就业为导向，以培养能力为本位，内容符合专业教学改革精神，适应无人机高技能型紧缺人才培养的要求，具有以下特点：

1. 注重实用性，保证科学性，体现先进性；始终围绕"项目引领、任务驱动、活页巩固"这一模式，体现"做中学、学中做"这一教学理念；理论知识部分本着够用的原则，重点突出对技能的培养，对每个任务的操作内容、方法、步骤进行了规范、具体的介绍。

2. 注重每个任务的完整性，从任务的引导、知识的储备、实训操作的过程，到活页任务的检验，结构合理、层次分明。

3. 文字简洁、通俗易懂，以图代文、图文并茂，形象直观，有助于培养学生的兴趣，提高学习的效果。

本书根据无人机系统结构分为8个项目，每个项目根据具体内容分为若干个学习任务，部分项目还设有实训任务。每个任务大体分为以下几块：一是任务描述，主要介绍为什么要完成该任务及本次任务的主要内容；二是任务学习（任务实施），主要介绍完成任务所需的理论知识和实训操作过程；最后是任务核验，并通过完成活页式工作手册检验任务学习的过程和效果，同时对整个项目完成效果进行评价和反馈。此外，本书还配套在线网课，可扫描目录最后所附二维码开始学习。

无人机产业有着广阔的市场前景，因此需要有更多的人才支撑产业的发展。目前，对无人机人才的培养成为推动无人机产业持续发展的重要环节之一。本书在编写过程中，力求能够在知识领域深入浅出，在内容方面覆盖全面，读者完成学习后基本上能够掌握无人机各大子系统相关内容并完成活页式手册的任务，从而为以后从事无人机相关职业奠定一定的理论和实践基础。

　　本书是编写委员会成员所在的教学科研团队在无人机领域历年教学与科研实践工作的基础上，结合国内外相关文献的一个总结。主要项目编写分工如下：项目1、项目5主要由陈巧云编写；项目2、项目3、项目7主要由刘铭硕编写，项目4、项目6、项目8主要由郭俊成编写。感谢远洋航空为了推动中国民用无人机产业、教育、服务的快速发展，精心组织编写委员会中的成员参与本书的编写工作；感谢各位委员和专家百忙之中抽出时间，提供指导意见和相关素材；感谢在编写过程中，给我们提供帮助的所有朋友。

　　由于编者水平有限，书中不妥之处在所难免，恳请广大读者不吝赐教。

编　者

目　录

扫码进入在线网课

项目 1　无人机构型认知与选择

随着国内外无人机相关技术的飞速发展，无人机系统越发种类繁多、用途广泛、特点鲜明，因此，其在尺寸、质量、航时、航程、飞行速度、飞行高度和任务载荷等多方面都有较大差异。由于无人机的多样性，因此出于不同的考量，对无人机会有不同的分类方法。其中，按飞行平台构型分类，无人机可分为固定翼无人机、多旋翼无人机、无人直升机、无人飞艇、伞翼无人机和扑翼无人机等。

本项目主要针对固定翼无人机、多旋翼无人机、无人直升机这三款主流无人机，介绍其构型、材料等相关内容。

学习任务 1　固定翼无人机构型认知与选择

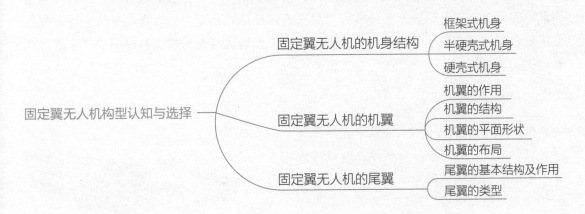

🎯 知识目标

1. 掌握固定翼无人机结构整体布局。
2. 掌握机身、机翼、尾翼结构及作用。
3. 熟悉常见的机翼、尾翼布局及特点。

4. 能够解析常见固定翼无人机的结构、特点及应用场景。

任务描述

固定翼（Fixed Wing）无人机是较早出现的无人机类型，其由动力装置产生推力或拉力，由机身的固定机翼产生升力，是在大气层内飞行的航空器。尽管固定翼无人机的结构形式不断改进，结构类型也不断增多，但除了少数特殊结构外，大多数固定翼无人机结构由机身、机翼、尾翼、动力装置和起落架等部分组成，如图1-1所示。本学习任务主要介绍机身、机翼、尾翼等部件的相关内容。

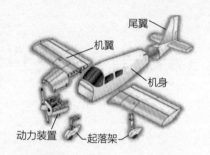

图 1-1 固定翼无人机结构组成

任务学习

相关知识点1：固定翼无人机的机身结构

机身的主要功用是承载任务设备、燃油/电池、通信装置和起落装置等，以及将机翼、尾翼、发动机等部件连接成一个整体。机身要通过自身结构来承担自身和承载物传递的载荷、飞行中的气动过载以及传递力矩等，故机身设计时要尽量减轻重量，要合理运用内部空间以保证飞行性能，要使表面尽量光滑流线以减小阻力，要提高可维护性以便检修内部设备，要容易制造以降低成本。固定翼无人机机身常见构型有框架式、半硬壳式和硬壳式。

1. 框架式机身

框架式机身主要采用木质或者金属以及复合材料的条、管、棒进行构架，并通过搭建三角形结构来加强机身承载力，从而承载剪切力、弯矩和扭矩。另外，为了减小飞行阻力，在机身外表固定有整形用的隔框、桁条和蒙皮，这些部件主要是让整个机身尽量光滑，只承担很小的气动力，一般不承担任何弯、扭、剪力，如图1-2所示。

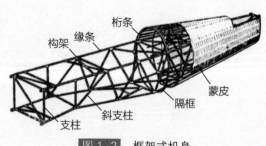

图 1-2 框架式机身

框架式机身构型强度和抗冲击性较好，但刚度不够，尤其是抗扭特性较差，且有效容积率也小,故这种构型的机身在早期的一些固定翼无人机上有所应用,现在用得较少。

2. 半硬壳式机身

半硬壳式机身主要由大梁、桁条、隔框组成框架,外表覆盖蒙皮,蒙皮与大梁、桁条和隔框紧密相连,共同组成机身的箱筒状结构。根据是否有大梁,又分为桁梁式和桁条式。

(1)桁梁式机身主要由大梁、桁条、隔框和蒙皮组成,如图 1-3 所示。其中大梁和桁条用来承受弯矩引起的轴向力;蒙皮承受全部剪力和扭矩以及不同程度的轴向力;隔框除用来保持机身的外形和承受局部空气动力外,还要承受各部件传来的集中载荷,如机翼、尾翼和机身连接接头等都安排有加强隔框。

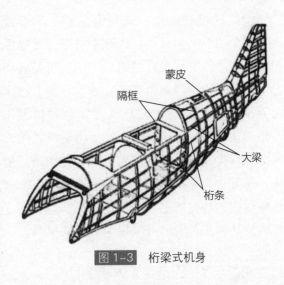

图 1-3　桁梁式机身

从图 1-3 可以看出横梁式机身在桁梁之间有大开口,但其不会显著降低机身的抗弯强度和刚度。桁梁式机身主要用于固定翼无人机,其材料主要是木、金属、碳纤维和玻璃纤维等。

(2)桁条式机身主要由桁条、隔框和蒙皮组成,如图 1-4 所示。桁条和蒙皮是承受力的主要部件,加厚的蒙皮增大了机身的抗扭刚度,因此,桁条式机身比较适合较高速度的固定翼无人机。但是这种机身因为没有强有力的大梁,所以不宜开大的舱口,如果要开口,必须在开口部位用专门构件加强。

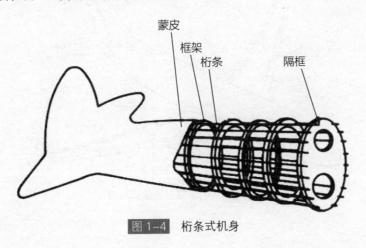

图 1-4　桁条式机身

3. 硬壳式机身

硬壳式机身采用框架、隔框形成机身的外形，而蒙皮承受主要的应力，如图1-5所示。

硬壳式机身结构一般只有隔框，没有或者有很少的纵向加强件，因而蒙皮必须足够厚和足够强才能维持机身的刚性，承受机身各种力。在无人机领域，因为尺寸更小，就有很多无人采用整体注塑式机身或者复合材料制作的硬壳式机身，特别是在一些小型舱身式无人机上用得比较多。随着无人机材料越来越轻量

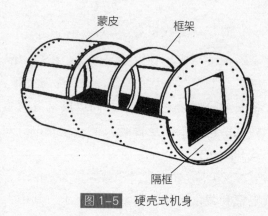

图 1-5　硬壳式机身

化，像 EPP（聚丙烯塑料发泡材料）、EPO（聚乙烯和聚苯乙烯共聚物）、EPS（聚苯乙烯泡沫）这样的泡沫一次成形的机身，为了加强机身强度，中嵌一根碳纤维梁。这种结构从某种意义上也可以视为硬壳式机身。

相关知识点 2：固定翼无人机的机翼

1. 机翼的作用

机翼是产生升力以及姿态控制力的主要部件。机翼一般左右对称地安装在机身两侧，其主要作用就是产生升力以及气动平衡力矩。机翼还拥有一些可以活动的舵面，这些活动的舵面通过改变机翼的形态，控制升力和阻力的分布，从而达到改变飞行姿态的目的，如图1-6所示。

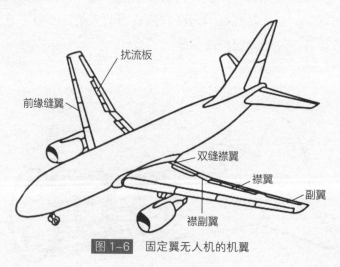

图 1-6　固定翼无人机的机翼

2. 机翼的结构

机翼的基本结构组成有翼梁、纵墙、桁条、翼肋和蒙皮等，如图1-7所示。

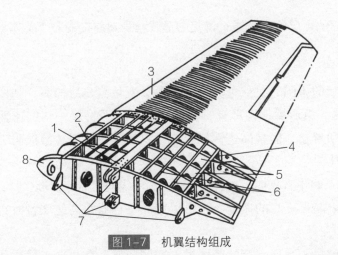

图 1-7　机翼结构组成

1—翼梁　2—前纵墙　3—蒙皮　4—后纵墙　5—普通翼肋　6—桁条　7—接头　8—加强翼肋

（1）纵向骨架　纵向骨架指沿着翼展方向布置的构件，包括翼梁、纵墙、桁条。翼梁作为重要的纵向构件，是机翼的主要受力部件，包括承受弯矩和剪力，如图 1-8 所示。纵墙与翼梁构造相似，但缘条要细得多，它多布置在靠近机翼前后缘处，与蒙皮形成封闭的合段承受扭矩，与机身连接方式为铰接。桁条是用铝合金挤压或板材弯制而成的，与翼肋相连并且铆接在蒙皮内表面，支撑蒙皮以提高其承载能力，使之能更好地承受机翼的扭矩与弯矩，并与蒙皮共同将空气动力分布载荷传给翼肋。

（2）横向骨架　横向骨架指垂直于翼展方向的构件，主要指翼肋，如图 1-9 所示。翼肋又分为普通翼肋和加强翼肋。普通翼肋的作用是将纵向骨架和蒙皮连成一体，把蒙皮和桁条传来的空气动力载荷传递给翼梁，并保持翼剖面的形状。加强翼肋除了拥有普通翼肋的功能外，还要承受和传递较大的集中载荷。

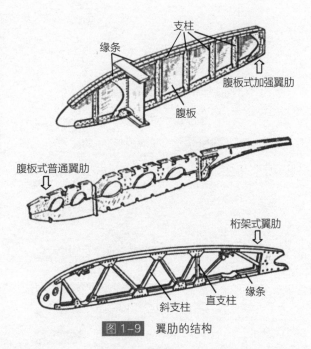

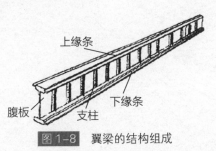

图 1-8　翼梁的结构组成　　　　图 1-9　翼肋的结构

（3）蒙皮　蒙皮主要作用是承受局部空气动力和形成机翼外形，现代无人机的蒙皮多用硬铝板材支撑的金属蒙皮，通过铆接的形式与骨架连接成一个整体，承受气动载荷。

3. 机翼的平面形状

根据平面形状的不同，机翼可分为平直翼、三角翼、后掠翼，如图 1-10 所示。

（1）平直翼　矩形翼、梯形翼、椭圆翼都属于平直翼，其低速性能优异，可以以很低的速度起飞和着陆，但是高速性能差，主要体现在阻力（激波阻力）大，当高速俯冲时，可能会解体。

（2）后掠翼　将平直翼向后拉，做成前缘和后缘同时后掠的形状时，可以延迟"激波"的产生，于是可以获得更高的速度，也可以缓和飞行器在高速飞行时自动俯冲的问题，如图 1-11 所示。

后掠翼虽然解决了高速飞行的阻力激增问题，但也存在缺点。比如，因为气流不断向翼尖流去，导致翼尖边界层堆积得很厚，翼尖很容易失速；后掠翼这个特殊的形状，与同面积同重量的平直翼相比，其结构受力更严重等。

（3）三角翼　三角翼布局如图 1-12 所示。此种布局不仅可以保证足够的强度，还可以把无人机包括机翼在内的所有部位全部收进机头产生的激波之内，音障就此被克服。但三角翼同时也存在缺点，比如：最大升力系数小，降落比较困难；展弦比小，滑翔性能差等。

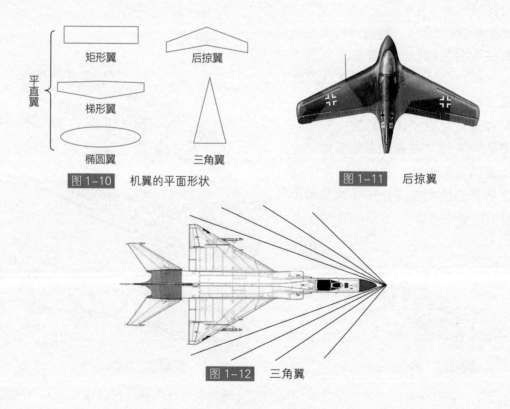

图 1-10　机翼的平面形状　　图 1-11　后掠翼

图 1-12　三角翼

4. 机翼的布局

根据机翼与机身连接的位置，固定翼无人机有上单翼无人机、中单翼无人机、下单翼无人机，如图 1-13 所示。

上单翼　　　　　中单翼　　　　　下单翼

图 1-13　根据机翼与机身的连接位置分类

（1）上单翼　上单翼布局的优点是干扰阻力小，机身离地面近，便于货物装运，发动机离地面较高，可免受地面飞起的沙石损害。主要问题是起落架的安置，如果装在机翼上则起落架很长，增加重量；如果装在机身上，则两个起落架的间距宽度不够，影响飞机在地面上运动的稳定性，要增加距离就要增大机身截面，但这样会使阻力增大。

（2）中单翼　中单翼布局的无人机的气动外形最好，但是因为翼梁要从飞机机身内穿过，会使飞机机身容积受到严重影响。

（3）下单翼　下单翼布局的优点是机翼离地面近，起落架可以做短一些，两个起落架之间间距较宽，增加了降落的稳定性，起落架容易在翼下的起落架舱收放，从而减轻重量。此外，发动机和机翼离地面较近，便于维修。下单翼翼梁在机身下部，机舱空间不受影响。缺点是下单翼飞机干扰阻力大，机身离地高，装运货物不方便。

相关知识点 3：固定翼无人机的尾翼

1. 尾翼的基本结构及作用

尾翼是固定翼无人机重要部件之一，由水平尾翼和垂直尾翼组成，如图 1-14 所示。水平尾翼由固定的水平安定面和可动的升降舵组成，其作用是控制固定翼无人机的俯仰运动，改变迎角。有的高速固定翼无人机将水平安定面和升降舵合为一体成为全动平尾。垂直尾翼由固定的垂直安定面和可动的方向舵组成，其作用是控制固定翼无人机的航向，消除固定翼无人机在转弯时的侧滑角。

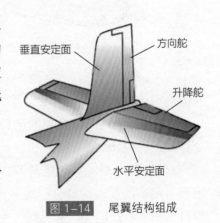

垂直安定面　方向舵

升降舵

水平安定面

图 1-14　尾翼结构组成

2. 尾翼的类型

无人机的尾翼由水平尾翼（平尾）和垂直尾翼（垂尾）组成，根据水平尾翼和垂直尾翼的数量，以及这两部分的相对位置，形成了不同的尾翼类型，使无人机能够适应不同的飞行任务。

（1）根据平尾的数量和位置分类　根据机翼与平尾相对纵向位置，固定翼无人机有常规布局、鸭式布局、无尾布局等，如图1-15所示。

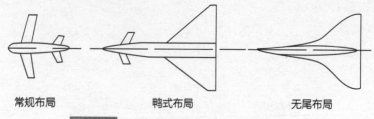

常规布局　　　　　鸭式布局　　　　　无尾布局

图 1-15　根据机翼与平尾相对纵向位置分类

（2）根据垂尾的数量分类　垂尾又称立尾，通常按照数量可分为：单垂尾、双垂尾、三垂尾。三垂尾结构只停留在理论阶段，并无实际应用。

1）单垂尾。结构简单，可以由单垂尾上的方向舵来提供偏航力矩，使得无人机发生偏航，如图1-16所示。

2）双垂尾。双垂尾的优势是可以提高大迎角时的机动性，避免单垂尾在大迎角时因机身阻挡气流受干扰，减弱和失掉机动操控能力的情况，所以单垂尾布局多采用腹鳍补救；双垂尾在大迎角时则可避开机身干扰，因而可获得较好的大迎角机动能力，如图1-17所示。

图 1-16　单垂尾　　　　　　　　　图 1-17　双垂尾

（3）尾翼的布局　尾翼的布局形式主要由水平尾翼和垂直尾翼的相对位置确定，有常规型、V形、十字形和T形。

1）常规型尾翼。常规型尾翼最为常见（见图1-14），在各种类型的尾翼中，其综合性能最为突出。

2）V形尾翼。V形尾翼兼有垂直尾翼和水平尾翼的功能。翼面可分为固定的安定面和可活动的舵面两部分，也可做成全动式。两个尾翼在俯视和侧视方向上都有一定的投影面积，所以能同时起纵向（俯仰）和航向稳定作用；当两边舵面做相同方向偏转时，V形尾翼起升降舵作用；分别做不同方向偏转时，尾翼则起方向舵作用。双立尾基本都是V形的，如图1-18所示。

3）十字形尾翼。十字形尾翼的水平尾翼位于垂直尾翼的中部，其外形如汉字"十"，如图 1-19 所示。相对于常规型尾翼，其水平尾翼避开了机翼以及螺旋桨对后方气流的影响，减小了振颤；相对于 T 形尾翼，其不需要过大的结构强度去满足稳定性，在飞机失速时也可以减弱机翼后方扰流导致的平尾失效。

4）T 形尾翼。T 形尾翼的水平尾翼位置较高，这样可以避开流经机翼的气流和发动机向后喷出的气流对水平尾翼的干扰，所以一般上单翼飞机都采用这种布局，如图 1-20 所示。但 T 形尾翼由于水平尾翼位置太高，垂直尾翼承受了更多的力，所以这种类型的尾翼结构强度要求更高。

图 1-18　V 形尾翼　　　　图 1-19　十字形尾翼　　　　图 1-20　T 形尾翼

任 务 核 验

思考题

1. 简述固定翼无人机机翼的结构及作用。

2. 后掠翼的优势体现在哪些方面？

3. 列举军用无人机的尾翼类型，并说明其特点。

学习任务 2　多旋翼无人机构型认知与选择

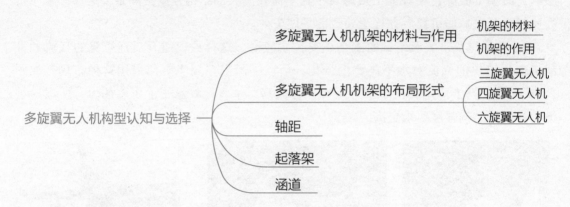

知识目标

1. 能够分析总结多旋翼无人机的机体结构组成。
2. 能够深入剖析多旋翼无人机机架的作用及材料要求等。
3. 能够根据应用需求选择多旋翼无人机的机架类型。
4. 能够掌握螺旋桨与电动机匹配的原则。

任务描述

　　多旋翼无人机就是有三个或者三个以上旋翼的无人直升机。多旋翼无人机也可称多轴无人机，因其机械结构简单、操作便利而深受广大航空爱好者的喜爱，已在日常生活中得到广泛应用，如植保、电力巡线、航拍、刑侦以及救援等都有它的身影。领域不同需求不同，对多旋翼无人机性能要求也有各自的侧重点，故目前市场上已呈现各式各样的无人机构型，如最受欢迎的娱乐用四旋翼无人机、备受摄影师钟爱的六旋翼无人机、专业用"重型运输机"式的八旋翼无人机等。尽管多旋翼无人机结构形式多样，但一般都由机架、螺旋桨、电动机、起落架等组成，如图 1-21 所示。

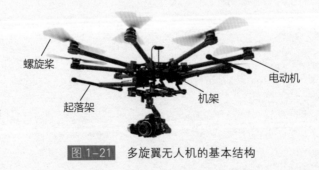

图 1-21　多旋翼无人机的基本结构

任务学习

相关知识点 1: 多旋翼无人机机架的材料与作用

机架是多旋翼无人机的主体,也称为机身。机架需要承载无人机的全部设备,包括飞行控制器、电调(电子调速器)、电动机、螺旋桨、遥控器接收机、电池、电源和云台等。因此,机架性能会直接影响到整个无人机的性能与安全。

1. 机架的材料

机架最重要的一个参数就是其自身的重量。为了克服机身的自重,机架需要设计得尽可能轻。因为机身重量越小,就意味着无人机的载重越大,所以在对机身的材料选择上也需要谨慎考虑。常见的机身材料有塑料和碳纤维。

(1)塑料机架 塑料的密度较小,强度和刚度不大,制作比较容易,如图 1-22 所示。通常多个机身部件在组装时采用螺钉固定,但在螺旋桨高速转动时产生的振动可能会使螺钉松动,从而导致机身的轴臂有脱落的危险。而目前随着 3D 打印技术的成熟,使用3D 打印机一次性将机架打印出来,既可以省去螺钉,又避免了轴臂松动的危险,故其发展愈加成熟。

(2)碳纤维机架 碳纤维的密度低,强度和刚度高,在无人机飞行过程中会有减振效果,使飞行更加稳定。但碳纤维的加工比较困难,需要对整个碳纤维板做切割、打孔,并与起落架等其他部件连接固定,如图 1-23 所示。

图 1-22 塑料机架

图 1-23 碳纤维机架

总体来讲,价格低的塑料适合普通无人机,强度高、重量轻、价格贵的碳纤维材料适合商业或工业级无人机。

2. 机架的作用

1)提供安装和固定电动机、电调、飞控板的接口。

2)提供无人机飞行及传感器所需的稳定坚固平台。

3）安装起落架等缓冲设备，提供安全的起飞和降落条件，避免损坏其他仪器。

4）安装相应的保护装置，用于保护无人机本身和可能接触到的操作人员。

相关知识点 2：多旋翼无人机机架的布局形式

多旋翼无人机一般按轴数和桨数分为几轴几旋翼无人机，比如六轴六旋翼无人机。按照电动机的排布可分为单轴单桨和共轴双桨多旋翼无人机，比如图 1-24 所示就是四轴八旋翼无人机。按照机头方向与电动机安装的位置关系一般分为 X 形、I 形、Y 形和 IY 形等，如图 1-25 所示。

图 1-24　四轴八旋翼无人机

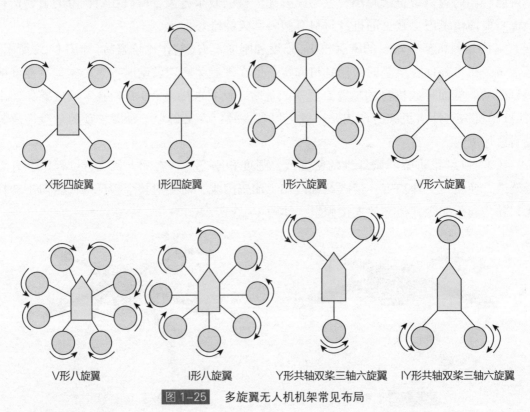

X形四旋翼　　　　I形四旋翼　　　　I形六旋翼　　　　V形六旋翼

V形八旋翼　　　I形八旋翼　　　Y形共轴双桨三轴六旋翼　　　IY形共轴双桨三轴六旋翼

图 1-25　多旋翼无人机机架常见布局

1. 三旋翼无人机

三旋翼无人机设计有 3 个机臂，每个机臂连接单个电动机，3 个机臂互成 120° 夹角，机头的两个电动机转向相反，刚好抵消电动机旋转所产生的反扭矩，机尾电动机通过左右转动产生切向分力来抵消反扭矩。三旋翼无人机具有较高的载重比，在相同的机头重量下，具有较高的负载能力和较快的前行速度。

2. 四旋翼无人机

四旋翼是比较常见的多旋翼无人机构型方式，其机架的布局以"X"形布局最为常见。这是因为"+"形布局在实现俯仰控制的时候只使用到了前后 2 个电动机，而在进行滚转控制时又只使用到了左右 2 个电动机。"X"形布局就不同了，无论是俯仰控制还是滚转控制，4 个电动机都能发挥作用，所以在电动机使用效率上是大大优于前者的，所以同样型号的电动机螺旋桨使用"X"形布局在控制能力上会明显优于"+"形布局。

四旋翼无人机具有适中的稳定性、较快的飞行速度，非常适合无人机航拍活动。目前，消费级无人机市场均为四旋翼布局，比如大疆"精灵"系列、零度"DOBBY"等。

3. 六旋翼无人机

六旋翼无人机是由 6 个旋翼在同一个平面对称放置的无人机，其对角旋翼转向相反。其主要优点之一是拥有更多的推力，能举起更重的有效载荷。另外，如果一个电动机失效，无人机仍然有可能安全着陆，而不是失效坠机。这种设计的另一大优点是几乎所有的飞行控制器都支持此类型的机架设置。六旋翼无人机比较适合商业航拍、植保作业、电力巡检等。例如，大疆"S1000+"可以加挂较大质量的单反相机留空 15min，其机臂为可折叠设计，便于携带，作业方便。另外，如果对任务载重有更高的要求，还可以成对地增加旋翼数量。例如，大疆"MG-1"为八旋翼设计，具有 10kg 的负载能力，同样为可折叠机身。

相关知识点 3：轴距

轴距，即外圈电动机组成的圆周的直径，是多旋翼无人机中非常重要的一个参数，一般用来形容机架大小，如图 1-26 所示。轴距确定了螺旋桨的尺寸上限，从而限定了螺旋桨能产生的最大拉力，也就是直接影响无人机的载重能力。

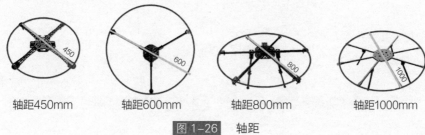

轴距450mm　　轴距600mm　　轴距800mm　　轴距1000mm

图 1-26　轴距

相关知识点 4：起落架

通常在多旋翼无人机的底部装有起落架，如图 1-27 所示。其作用是使机身与地面之间有一个安全距离，从而避免因机身倾斜使螺旋桨与地面碰撞。另外，起落架拉大了螺旋桨与地面之间的距离，可以有效减小起飞降落时机身与地面之间的气流干扰。当然，起落架也加大了无人机自身的重量，减小了无人机的载重。

相关知识点 5：涵道

多旋翼无人机为了增加螺旋桨的动能使用效果，还可以在桨的外侧安装涵道，如图 1-28 所示。涵道除了可以保护螺旋桨和操作人员的安全，还可以提高多旋翼无人机飞行的拉力效率和减少噪声。

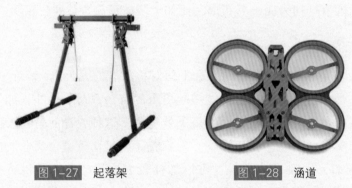

图 1-27　起落架　　　　图 1-28　涵道

带有涵道的多旋翼的拉力由两部分组成，即螺旋桨本身产生的拉力和涵道产生的附加拉力。根据伯努利原理，涵道内侧由于螺旋桨高速旋转，带动气流快速下降，涵道外侧气流流动缓慢，所以涵道外侧气压会大于内侧气压，于是空气会产生一部分向上的拉力，从而提高飞机的动力，如图 1-29 所示。

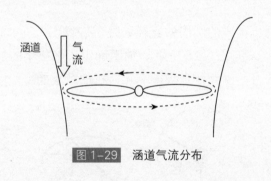

涵道　气流

图 1-29　涵道气流分布

任 务 核 验

思考题

1. 简述多旋翼无人机螺旋架的结构及作用。

2. 讨论四旋翼无人机为什么会成为主流?

3. 简述多旋翼无人机的机架材料及其特点。

学习任务 3　无人直升机构型认知与选择

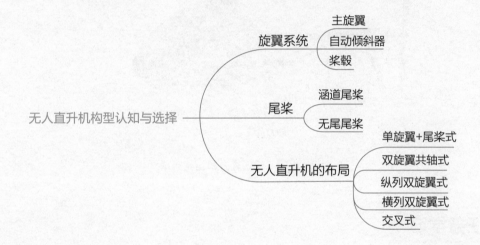

 知识目标

1. 掌握无人直升机结构整体布局。
2. 掌握旋翼系统、尾桨等结构组成及作用。
3. 能够理解自动倾斜器的工作原理。
4. 了解无人直升机的各种布局。

 任务描述

　　无人直升机,是指由无线电地面遥控飞行或自主控制飞行的可垂直起降的不载人飞行器,在构造形式上属于旋翼飞行器,在功能上属于垂直起降飞行器。

　　无人直升机具有独特的飞行性能及使用价值。与有人直升机相比,其具有无人员伤亡、体积小、造价低和战场生存力强等特点,在许多方面具有优越性。与固定翼无人机相比，无人直升机可垂直起降，空中悬停，朝任意方向飞行，其起飞着陆场地小，不必配备像固定翼无人机那样复杂、大体积的发射回收系统。但是，无人直升机也具有缺点，如尾桨及其传动系统重量较大，桨叶叶片少、转速快、噪声大，维持其转动需消耗7%～10%的动力，另外尾桨暴露在外，增加空气阻力，危及作业安全等。

常见的无人直升机是"单旋翼＋尾桨式"的结构，主要由旋翼系统、尾桨、起落架、动力系统、操纵系统、机身等组成，如图1-30所示。

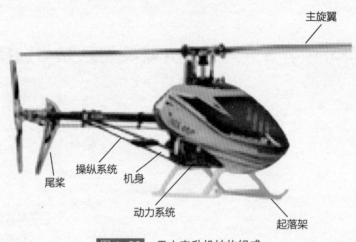

图1-30　无人直升机结构组成

任务学习

相关知识点1：旋翼系统

无人直升机的旋翼系统由主旋翼、自动倾斜器和桨毂组成。

1. 主旋翼

主旋翼是无人直升机的重要部件，可以把发动机带动旋翼旋转产生的动能转换成旋翼的拉力。主旋翼也是重要的操纵部件，通过操纵机构控制旋翼拉力的大小和方向，可以实现对无人直升机的主要飞行操纵。

2. 自动倾斜器

自动倾斜器又称倾斜盘或十字盘，用来改变旋翼的桨距。自动倾斜器主要由变距拉杆、旋转环、不旋转环等组成，如图1-31所示。通过操纵自动倾斜器实现旋翼变总距或周期变距旋转，使无人直升机垂直、前后、左右运动。

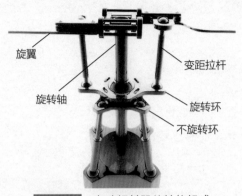

图 1-31 自动倾斜器的结构组成

自动倾斜器

3. 桨毂

旋翼通过桨毂与旋转轴连接,旋翼的形式由桨毂形式决定。到目前为止,已在实践中应用的旋翼形式有铰接式、半铰接式、无铰接式和无轴承式,也存在这些典型形式的组合或变种的主旋翼系统。

扩展知识:各种桨毂简介

相关知识点 2:尾桨

根据牛顿第三定律,当旋翼高速旋转时会对机体产生一个反作用力矩。如果只有一个旋翼,机体会不受控制地反方向转圈,因此要采取措施抵消这种反扭矩。最简单的办法就是在机尾安装一个朝向侧面的尾桨,这种抵消反扭矩的主旋翼 – 尾桨布局,称为常规布局,如图 1-32 所示。主旋翼顺时针转,对机身就产生逆时针方向的反扭矩,尾桨就必须或推或拉,产生顺时针方向的推力,以抵消主旋翼的反扭矩。

a)尾桨实物图

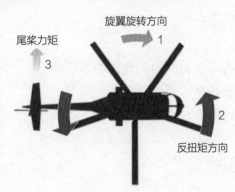

b)尾桨抵消反扭矩示意图

扩展知识:无人直升机的布局及尾桨

图 1-32 直升机的尾桨

尾桨的结构形式有跷跷板式、万向接头式、铰接式、无轴承式、涵道尾桨式和无尾桨等。

━━━━━━ 任 务 核 验 ━━━━━━

思考题

1. 简述无人直升机旋翼系统的结构及作用。

2. 无人直升机克服反扭矩的方式有哪些？

3. 简要阐述无人直升机的特点及应用。

学习任务4　无人机机体材料认知

```
                              ┌ 无人机对结构材料的性能要求及实例 ┬ 无人机对结构材料的性能要求
                              │                                  └ 无人机结构大量使用复合材料的实例
无人机机体    ─────────────────┤
材料认知                       │                     ┌ 机体主要结构材料
                              └ 无人机机体结构材料 ┼ 碳纤维复合材料
                                                    └ 碳纤维无人机应用分享
```

🎯 知识目标

1. 了解无人机对结构材料的性能要求。
2. 了解无人机机体常用的材料。
3. 掌握碳纤维复合材料的优势。

✍ 任务描述

无人机因机上无人，其结构尺寸相对较小，经济性好，使用方便，可以进入危险恶劣的环境作业，因此，在军事和民用领域得到广泛关注和应用。不论是军用无人机还是民用无人机，减轻结构质量、缩小结构体积一直是现代无人机设计与制造追求的目标。因此，除了采用合理的结构形式外，采用强度高、刚度大、质量轻、耐高温、抗低温、疲劳／断裂特性好、具有良好的加工性能以及价格相对低廉的新型高性能结构材料至关重要。随着航空结构材料的发展，复合材料在无人机结构上的广泛应用已经起到了至关重要的作用。

任务学习

相关知识点1：无人机对结构材料的性能要求

无人机在机体结构设计中不需要考虑机动飞行过程中人的生理承受能力限制，但机载设备技术先进、要求高、执行任务特殊，需具备优异的机体结构性能。因此，无人机在结构选材上具有一些有别于有人机的特点，具体如下。

1. 轻质高强

无人机的结构设计对减重有着特殊的要求，需将结构重量系数控制在30%之下，给燃油动力、有效载荷和隐身补偿等留出重量空间，同时减少动力耗损，达到增强续航能力的效果。

2. 一体化成形

无人机多半采用高度翼身融合的飞翼式总体布局，需要在结构上大面积成形，因此要求所用材料在设计和制造技术上具有一体化成形的特点。

3. 耐腐蚀和耐老化

无人机所用材料要具有优异的耐腐蚀和耐老化性能，以满足其在各种环境条件下长寿命的特殊要求，降低使用维护成本。

4. 隐身功能

军用无人机要求所用材料具有特殊的电磁性能，满足高隐身的技术要求。

5. 易于形成智能材料和结构

部分无人机要求所用材料易于植入芯片、传感器等形成智能材料，或形成智能结构，为无人机大展弦比、高升阻比机翼提供起动特性和颤振主动控制，以及为柔性机翼的主动控制技术提供发展空间。

扩展知识：无人机结构大量使用复合材料的实例

总体来讲，目前，在各种无人机上都使用了大量的复合材料以满足需求。

相关知识点2：无人机机体结构材料

1. 机体主要结构材料

依据无人机系统结构组成，主要应用材料可以分为机体结构材料、电池材料、主控芯片材料、器件封装材料四大类。本知识点主要介绍无人机的机体结构材料。

机体结构作为无人机飞行系统的主要载体，一般采用高强度轻质材料制造。目前，主要的机体结构材料有复合材料、铝合金和工程塑料等。其中，复合材料和铝合金材料广泛应用于军用和民用无人机，通常机翼、机尾、天线罩、护板和蒙皮等结构件使用复合材料，机身的龙骨、梁、隔框和起落架等结构件采用铝合金材料，工程塑料则主要应用于中小型民用无人机。三种材料的具体特性见表1-1。

表1-1　机体结构材料对比

材料类别	具体代表	特点	应用领域
复合材料	碳纤维、玻璃纤维、蜂窝夹层复合材料	比强度高、比模量高、具有可设计性、成形工艺好、耐腐蚀、耐热，具有一定稳定功能	军用、民用
铝合金	2×××、7××× 系铝合金	比强度高、成形工艺好、耐腐蚀、可靠性高	军用
工程塑料	ABS[1]、PP[2]、改性PC[3]、改性塑料、树脂	轻质、低成本	民用

① 丙烯腈-丁二烯-苯乙烯共聚物。
② 聚丙烯。
③ 聚碳酸酯。

2. 碳纤维复合材料

复合材料凭借其轻质高强、耐腐蚀、易于成形等优点，在各类无人机上得到了广泛的应用，其中碳纤维、玻璃纤维、蜂窝夹层复合材料为主要的机体结构材料，且多数以碳纤维为主。下面主要介绍碳纤维复合材料。

（1）碳纤维的概念及特点　碳纤维是"碳纤维增强复合材料"的简称，是由有机纤维（聚丙烯腈纤维、沥青纤维、黏胶纤维或酚醛纤维等）经碳化及石墨化处理而得到的微晶石墨材料纤维。其含碳量在90%以上，呈黑色，具有强度高、比模量高、质轻、耐腐蚀、耐疲劳、热膨胀系数小、摩擦因数小和耐高低温等优越性能，被称为"新材料之王"。

（2）碳纤维在无人机上的应用　为了使无人机更好地适应恶劣环境，其结构设计和材料选择一直朝着轻量化的方向发展。作为无人机核心结构件的机体是无人机航行的基础保障因素。早期无人机机身使用最多的是铝合金，通用无人机的材料一直以PC GF（聚碳酸酯玻璃纤维）、PC ABS（PC和ABS的混合物）等复合材料为主，但近几年来无人机除了用于航拍，在测绘、植保、巡航等条件复杂艰苦的环境中的使用越来越多，碳纤维优秀的力学性能和轻量化成为无人机设计的首选材料。图 1-33 所示为一架碳纤维无人机。

图 1-33　碳纤维无人机

无人机采用碳纤维的优势如下：

1）对于小型无人机，大面积应用碳纤维的部位主要在机翼，机翼既要承受全机的载荷、气动升力和阻力，也要承受拉力、扭力、剪切力等。而小型无人机对重量要求十分苛刻，有限的电池容量、更多的任务载荷等种种原因，故每减轻 1g 重量，无人机的飞行性能就可能会得到巨大的提升。所以，减重便是碳纤维应用在无人机结构中的最大优势。

2）铝合金、钛合金等金属材料虽然强度高，但是重量大，导致无人机载荷小，续航时间短。同时，在军用方面，金属材料还会反射雷达信号形成二次波段，是非常不利的。因此，可通过对具有特殊电磁性能的聚合物基复合材料进行改性，使其满足无人机高度隐身的要求。

3）碳纤维的耐腐蚀性较强，可以满足无人机在恶劣环境或者执行特殊飞行任务时的需求，提高其使用寿命，降低维护成本。

4）碳纤维无人机外壳采用一体成形的工艺，可以减少约 60% 的零部件，而且省去了组装的步骤，芯片、合金刀体的植入使碳纤维复合材料成为智能材料。在无人机的飞行过程中，可能会遭遇碰撞或者树枝刮擦等情况，螺钉等小部件极其容易掉落，影响飞行。碳纤维无人机避免了这种情况的发生，而且由于比强度和比刚度高的原因，即便发生磕碰刮擦也能很好地保护芯片。

扩展知识：碳纤维无人机应用分享

5）从成本上来看，碳纤维的价格比铝合金等材料要高，但随着技术的进步，其价格已经逐渐趋于平民化。从长远角度看，碳纤维应用于无人机有利于无人机执行任务，减少了能源消耗，对节能也有着重要意义。

任 务 核 验

思考题

1. 简述无人机对材料性能的要求。

2. 简述碳纤维结构的特点及应用。

项目 2　无人机动力系统

本项目介绍了无人机动力系统的重要知识。动力装置是无人机的关键技术之一，主要作用是为无人机的飞行提供动力，它直接影响到无人机的性能、成本、可靠性。动力系统通常由电动机及内燃机组成，各个部分之间的匹配情况以及动力系统与整机的匹配情况，会直接影响整机效率、稳定性。

学习任务 1　无人机电动动力系统的认知与原理

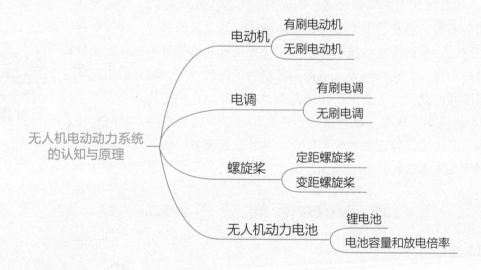

知识目标

1. 了解电动机的分类和外形区别。
2. 掌握电动机的基本结构和相关术语。
3. 掌握有刷电动机和无刷电动机的工作原理。

4. 掌握有刷电调和无刷电调的工作原理。

5. 掌握电池的各项参数和类别。

6. 掌握螺旋桨的各项参数和类别。

任务描述

学习本部分的内容，是为了了解电动机动力系统组成部分、电动机工作原理、各项参数意义。通过学习该部分知识能够了解动力系统的重要性和电动机动力系统的特点。现在无人机应用最广、数量最多的是无刷电动机，它具有结构简单、稳定、效率高和耐用等优点。

电动动力系统最大的特点是只需要电力就可以满足无人机的能源需求，主要包括电动机、电调、螺旋桨和无人机动力电池 4 个部分。

（1）电动机　将电能转化为机械能，目前多旋翼无人机多采用无刷直流电动机。

（2）电调　将飞行控制系统的控制信号快速转变为电枢电压和电流，以控制电动机的速度。

（3）螺旋桨　直接产生推力的部件，其旋转方向分为正反两种。

（4）无人机动力电池　多旋翼无人机的能源，与多旋翼无人机的飞行距离和最大负载重量等重要指标直接相关。

对于多旋翼无人机而言，动力系统是其起飞阶段、稳定飞行阶段、降落阶段的核心硬件。

任务学习

相关知识点 1：电动机

1. 无人机电动机的类型

目前，无人机动力系统所使用的电动机分为有刷电动机和无刷电动机两个大类，它们在工作方式和性能上都有很大差别。其中，无刷电动机因为性能更高，所以在无人机中应用较为广泛，而有刷电动机凭借低廉的价格和简单的构造取得在小型无人机中的一席之地。

（1）有刷电动机　有刷电动机是大家最早接触的一类电动机。例如，很多电动小玩具，或者很多家用吹风机用的都是有刷电动机。有刷电动机的主要结构就是定子、转子、电刷，通过旋转磁场获得转矩，从而输出动能。电刷与换向器不断接触摩擦，在转动中起到导电和换向作用，如图 2-1 所示。

有刷电动机工作过程是：将各组线圈的两个电源输入端依次排成一个环，相互之间用绝缘材料分隔，组成一个像圆柱体的东西，与电动机轴连成一体，电源通过两个用碳元素做成的电刷，在弹簧压力的作用下，从两个特定的固定位置，压在环状圆柱上的两点上，给一组线圈通电。

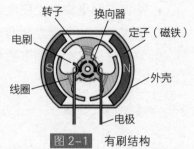

图 2-1　有刷结构

随着电动机转动，不同时刻给不同线圈或同一个线圈的不同的两极通电，使得线圈产生磁场的 N-S 极与最靠近的永磁铁定子的 N-S 极有一个适合的角度差，磁场异性相吸、同性相斥，产生力量，推动电动机转动。碳电极在线圈接线头上滑动，像刷子在物体表面刷，因此叫电"刷"。相互滑动，会摩擦电刷，造成损耗，因此需要定期更换电刷；电刷与线圈接线头之间通断交替，会产生电火花并产生电磁波，干扰电子设备。

（2）无刷电动机　无刷直流电动机由电动机主体和驱动器组成。无刷电动机的转子是永磁磁钢，连同外壳一起和输出轴相连，定子是线圈，去掉了有刷电动机用来交替变换电磁场的换向电刷，故称为无刷电动机，如图 2-2 所示。依靠改变输入无刷电动机定子线圈上的电流波交变频率和波形，在线圈周围形成一个绕电动机几何轴心旋转的磁场，这个磁场驱动转子上的永磁磁钢转动，电动机就转起来了。电动机的性能和磁钢数量、磁钢磁通量、输入电压大小等因素有关，更与无刷电动机的控制性能有很大关系。因为输入的是直流电，需要电调将电流变成三相交流电，还需要从遥控器接收机那里接收控制信号，控制电动机的转速，以满足无人机使用需要。

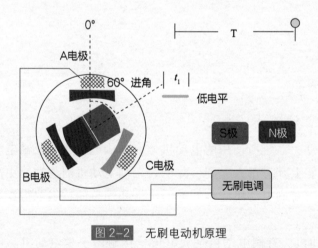

图 2-2　无刷电动机原理

无刷电动机采取电子换向，线圈不动，磁极旋转。无刷电动机转子的位置确定可以通过霍尔元件、编码器，感知永磁体磁极的位置，适时切换线圈中电流的方向，保证产生正确方向的磁力，驱动电动机。这些电路，就是电动机控制器。无刷电动机的控制器还可以实现一些有刷电动机不能实现的功能。比如，调整电源切换角、制动、反转、锁住、利用制动信号，停止给电动机供电。

由于无刷电动机是以自控式运行的，所以不会像变频调速下重载起动的同步电动机那样在转子上另加起动绕组，也不会在负载突变时产生振荡和失步。

2. 有刷电动机和无刷电动机的区别

有刷电动机和无刷电动机因为结构上的不同导致两者有截然不同的性能和优势，见表 2-1。

表 2-1 有刷电动机和无刷电动机区别

项目	有刷电动机	无刷电动机
适用范围	一般的电动设备都可以使用。由于电刷会磨损，需要定期更换电刷，因此有刷电动机使用寿命较低	常用于对控制要求比较高、转速比较高的设备，如无人机、电动汽车、精密仪器仪表等
控制方式	有刷电动机通过调节供电电压的大小直接控制转速，因此控制比较简单	一般通过保持供电电源的电压不变，改变电调的控制信号，通过微处理器再改变大功率 MOSFET 的开关速率，来实现转速的改变，因此控制较为复杂
起动	电动机响应速度快，起动转矩大，速度从零到最大几乎感觉不到振动，起动时可带动更大的负荷	起动电阻大，功率因数小，无刷电动机在起动和制动时运行不平稳，起动转矩相对较小，有嗡嗡声，并伴随着强烈振动，带动负荷较小，只有在速度恒定时才会平稳
精度	高精度直流有刷电动机通常和减速器、译码器一起使用，使得电动机的输出功率更大，控制精度更高，可以达到 0.01mm，几乎可以让运动部件停在任何想要的位置	无刷电动机由于在起动和制动时不平稳，所以运动部件每次都会停到不同的位置上，必须通过定位销或限位器才可以停在想要的位置上
效率	有刷电动机的换向由于只能由电刷决定，而且存在摩擦损耗，效率较低	无刷电动机根据转子位置的实际情况，适时切换线圈中电流的方向，即使在不同的负载下，也可以保证时刻产生最大的转矩
保养	有刷电动机需要更换电刷，如果更换不及时会造成电动机的损坏	使用寿命很长，通常是有刷电动机的 10 倍以上，但是坏了就需要整体更换，不过日常维护基本不需要
工况	电刷与线圈接线头之间通断交替，会产生电火花并产生电磁波，干扰电子设备，同时还伴随着噪声和振动	无刷电动机去除了电刷，极大减少了电火花对遥控无线电设备的干扰，运转时摩擦力大大减小，运行顺畅，噪声会低许多，有助于无人机运行稳定

3. 无刷电动机的组成部分

大多数无人机使用无刷电动机，这和它的结构特点有很大关系。无刷电动机的前盖、中壳、后盖主要是整体结构件，起到构建电动机整体结构的作用。但是外转子无刷电动机的外壳同时也是磁铁的磁路通路，所以必须是导磁性的物质构成。内转子的外壳只是结构件，所以不限定材质。内转子电动机比外转子电动机多一个转子铁心，这个转子铁心的作用同样也是起到磁路通路的作用，如图 2-3 所示。

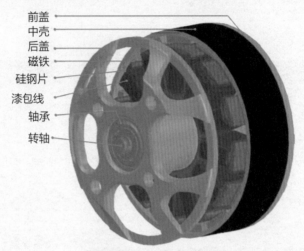

前盖
中壳
后盖
磁铁
硅钢片
漆包线
轴承
转轴

图 2-3　无刷电动机结构

（1）磁铁　磁铁安装在转子上，是无刷电动机的重要组成部分，无刷电动机的绝大部分性能参数都与磁铁相关，包括功率、转速、转矩等。

（2）硅钢片　硅钢片是有槽无刷电动机的重要组成部分，当然，无槽无刷电动机是没有硅钢片的，但是目前绝大多数的无刷电动机都是有槽的。它在整个系统中的作用主要是降低磁阻，参与磁路运转。

（3）转轴　转轴是电动机转子的直接受力部分，其硬度必须能满足转子高速旋转的要求。

（4）轴承　轴承是电动机运转顺畅的保证，可以分为滑动轴承和滚动轴承，而滚动轴承又可以细分为深沟球轴承、滚针轴承和角接球触轴承等。目前，大多数的无刷电动机都采用深沟球轴承。

相关知识点 2：电调

1. 电调的概念及参数

电调（ESC）。针对不同电动机，电调可分为有刷电调和无刷电调。电调可以通过接收 PWM 信号将输入的电源转为不同的电压，并输出到电动机，从而达到使电动机产生不同转速的目的。有刷电调可以改变电流方向，从而可以改变电动机转动方向。无刷电调虽然不能改变电动机的转动方向，但是可以将直流电转为三相交流电，从而输出到无刷电动机上。电调还有两个比较重要的指标：最高电压和最大电流。

（1）最高电压　电调所支持的最高电压。通常在电调上会标有 Li-Po3（3 节锂电池）、Li-Po4（4 节锂电池）或 Li-Po6（6 节锂电池）等字样，表示电调所支持的最高电压是 12.6V、16.8V 或 25.2V。电调的最高电压并不是越高越好，从直观感受上讲最高电压越大，电调的体积就越大，重量也就越大，无人机的负载也就越大。所以在无人机设计中通常选择合适的电调，而不是一味地选择高电压电调。

（2）最大电流　流经电调本身的电流的最大值，通常是 10A、15A、20A、30A 或 40A。如果在无人机飞行过程中需要电动机高速转动，就需要更高的电压和更大的电流。如果电流值超过电调所能承受的最大电流，就会导致电调过载，电调烧毁，电动机停转，进而坠机的情况。所以，电调最大电流的选择上要慎重考虑。

电调生产商通常会在最高电压和最大电流中预留 10% 的超额范围，以防万一。另外，当实际电流很大时，电调的内阻就不能完全忽略，其本身也会消耗掉一部分功率。

2. 电调的分类

电调通过搭配的电动机来分类，搭配有刷电动机的就是有刷电调，搭配无刷电动机的就是无刷电调。不同种类的电调功能不同、外形不同，也不能相互混用。

（1）有刷电调　有刷电调输入为直流电一正一负两根线，输出也是一正一负两根线。想要改变电动机的转动方向，只需要改变其电源的正负极即可，也就是改变电流的方向即可。有刷电调可以通过内部电路来改变输出电流的方向，从而实现电动机不同方向的转动。如果想要改变电动机的转速，就需要改变电压和电流的大小。

（2）无刷电调　无刷电调可以通过改变输出电压改变无刷电动机转动的速度。与有刷电调不同的是，改变无刷电动机转动方向只需要将电动机的三根电源线的任意两根反接即可。无刷电调使用脉冲宽度调制（PWM）信号控制电压，从而控制电动机转速，由于无刷电调不能改变电动机的转动方向，所以脉冲宽度占空比由 50%~100% 逐渐变化的过程就是电动机由停转到越转越快的过程，直至达到最大转速。

PWM 信号

3. PWM 信号

PWM 信号也称占空比信号，它表示高电平时长占整个信号周期的比例。例如，PWM 的整个周期为 2ms，而高电平时长为 0ms，低电平时长为 2ms，那么占空比的值为 0%；又如，高电平时长为 1ms，而低电平时长为 1ms，那么占空比信号则为 50%；

如果高电平时长为 2ms，而低电平时长为 0ms，那么占空比信号为 100%，如图 2-4 所示。

PWM 信 号 的 频 率 可 以 是 50Hz、100Hz、200Hz 或 500Hz，等。控制频率越高，其周期越短，控制间隔也就越短，电调和电动机响应速度也就越快。反之，控制频率越低，其周期就越长，控制间隔就越长，电调和电动机的响应速度就越慢。现在多数电调都支持 500Hz 以上的 PWM 信号，并且其内部自带滤波器，可以很好地响应并控制电动机的转动。

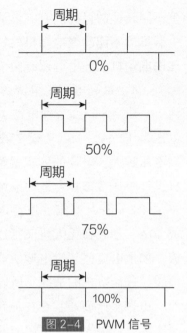

图 2-4　PWM 信号

相关知识点 3：螺旋桨

1. 螺旋桨的作用

靠桨叶在空气中旋转将发动机功率转化为推进力或升力的装置，称为螺旋桨。螺旋桨旋转时，桨叶不断把大量空气（推进介质）向后推去，在桨叶上产生向前的力，即推进力。当该面朝前时，逆时针旋转产生拉力的为正桨，顺时针旋转产生拉力的为反桨。一般情况下，螺旋桨除旋转外还有前进速度。如果截取一小段桨叶来看，恰像一小段机翼，其相对气流速度由前进速度和旋转速度合成。

2. 螺旋桨的分类

螺旋桨分为定（桨）距和变距螺旋桨两大类。

（1）定距螺旋桨　木制螺旋桨一般都是定距的。它的桨距（或桨叶安装角）是固定的。适合低速飞行的桨叶安装角在高速飞行时就显得过小；同样，适合高速飞行的桨叶安装角在低速飞行时又显得过大。所以，定距螺旋桨只在选定的速度范围内效率较高，在其他状态下效率较低。定距螺旋桨构造简单，重量轻，在功率很小的无人机上得到广泛应用。

（2）变距螺旋桨　为了解决定距螺旋桨高、低速性能的矛盾，遂出现了飞行中可变桨距的螺旋桨。变距螺旋桨的变距机构由液压或电力驱动。变距螺旋桨广泛应用于固定翼飞机和直升机，虽然两者都在使用变距螺旋桨，但是目的和形状都不尽相同。固定翼飞机使用变距螺旋桨的目的在于通过调节螺旋桨的拉力，使螺旋桨处于最佳工作状态。而直升机使用变距螺旋桨不只是为了调节螺旋桨的拉力，也是为了调节飞机的姿态和运动方向。

3. 螺距

螺距是指螺钉上延螺旋线方向两个相同螺纹之间的距离，如图 2-5

螺旋桨距

所示。

对于螺旋桨来说，桨的叶片与转动平面有一个夹角，所以在转动时才会对空气产生推力。而正因为这个夹角的存在，就可以对这个夹角做度量，为其测量螺距。假设螺旋桨与螺钉一样延着螺旋线转动并延伸下去，如图 2-6 所示。这样我们就可以清楚地看到螺旋桨在螺旋线方向上两个相邻螺纹之间的距离。通常这个距离用英寸（in，1in=2.54cm）来表示，例如，7045、8045、9045、1045，这些指标的后两个数字表示其螺距为 4.5in；7050、8050、9050、1050 表示其螺距为 5.0in。而前两个数字，表示其直径的大小，例如，8045 表示桨的直径为 8.0in，9045 表示桨的直径为 9.0in，1045 表示桨的直径是 10in，而不是 1.0in。

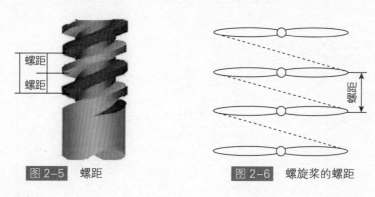

图 2-5 螺距   图 2-6 螺旋桨的螺距

4. 桨叶的数量

桨的直径越长，在相同电动机转速下其拉力越大；反之，拉力越小。前文提到的都是两叶桨，常见的还有三叶桨和四叶桨。在直径、螺距、电动机转速相同的情况下，桨叶越多其拉力越大，但是其转动惯量与空气阻力也就越大。电动机使三叶桨达到与二叶桨相同转速时，需要的电流就更大，而当电流增加到十几安培乃至几十安培时，电动机的内阻和电调的内阻就会消耗掉一定的功率产生热量，而电动机对桨产生的动能相对减小了一部分。使用多叶桨达到与两叶桨相同转速需要消耗的功率就更大。因此，通常情况下三叶桨与四叶桨的效率并没有二叶桨的效率高。所以，对于多旋翼无人机推荐使用二叶桨。

相关知识点 4：无人机动力电池

锂电池

1. 锂电池

对于无人机来说，动力电池通常采用锂电池（LiPo），每节锂电池的电压通常为 3.7~4.2V。也就是说，每一节锂电池的空电电压为 3.7V，满电电压为 4.2V。锂电池的放电效果要比普通镍氢电池或镍锂电池好，所以在无人机上得到广泛应用。锂电池由满电到空电的放电过程电压值并不是线性的，而是一条曲线，如图 2-7 所示。

通过上面曲线可以清楚地看到锂电池在刚开始放电时，电压降低的速度比较接近于线性变化，而后逐渐平缓，并持续较长一段时间，之后电压迅速降低。此外，锂电池放电电流越大，放电容量越小，电压下降越快。

但是在实际使用过程中 4.2V 的电压是不够的，可将多节锂电池串联起来提高电压。例如，只有 1 节锂电池称为 LiPo1S 电池，由 2 节锂电池串联起来的电池称为 LiPo2S，由 3 节、4 节或 6 节串联的分别称为 LiPo3S、LiPo4S 和 LiPo6S。多数市面上出售的动力电池除了会注明电池节数之外，还会注明其空电电压值，如 1S 3.7V、2S 7.4V、3S 11.1V、4S 14.8V、6S 22.2V。

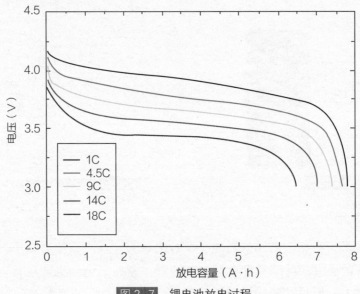

图 2-7　锂电池放电过程

动力电池的电压越高，越可以驱动动力更强的电动机。在小型有刷多旋翼无人机上使用的通常都是 1S 或 2S 锂电池，而中型多旋翼无人机上使用的通常是 3S、4S 锂电池。6S 锂电池通常用在更大的无人机上。

2. 电池的容量和放电倍率

在购买动力电池时，可以看到电池上还有电量的标注，例如 3000mA·h、4000mA·h、5300mA·h 或 10000mA·h 等。它表示了动力电池能够存储的电能的多少。而放电倍率通常有 15C、20C、25C 或 30C 等。它的意思是放电的速率。例如，有一块 10000mA·h 20C 的电池。

1）按每小时 10000mA 的放电速度可持续放电 1h。

2）以 5 倍速度放电，即以每小时 50000mA 的放电速度可持续放电 12min（60/5）。

3）以 10 倍速度放电，即以每小时 100000mA 的放电速度可持续放电 6min（60/10）。

4）以 20 倍速度放电，即以每小时 200000mA 的放电速度可持续放电 3min（60/20）。

　　至于在实际飞行过程中按多少倍率放电，主要取决于电调和电动机的功率，也就是负载的电流消耗。影响电池容量的因素有以下几点：

　　1）电流：电流大，输出容量减少。

　　2）电池的放电温度：温度降低，输出容量减少。

　　3）电池的放电截止电压：对于由电极材料以及电极反应本身的限定来设定的放电，该电压一般为 3 .5V 或 3.2V。

　　4）电池的充放电次数：电池经过多次充放电后，由于电极材料的失效，放电容量会相应减少。

　　5）电池的充电条件：充电倍率、温度、截止电压等影响充入电池的容量，从而决定放电容量。

■■■■■■■ 任 务 核 验 ■■■■■■■

思考题

1. 请列出电动机各个种类的名称。

2. 简述电调调节电压的原理。

3. 简述螺旋桨参数中螺距的概念。

学习任务2　内燃机系统之活塞发动机的认知

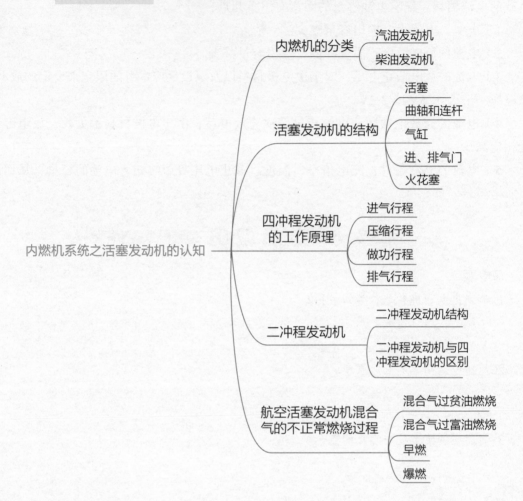

 知识目标

1. 了解一般无人机所用内燃机的分类和外形区别。
2. 掌握二冲程发动机的基本结构和相关术语。
3. 掌握二冲程发动机和四冲程发动机的工作原理。
4. 掌握燃料的各种差别和用途。
5. 学会拆装和检修无人机内燃机动力系统。

 任务描述

学习本部分的内容，是为了了解内燃机动力系统组成，二冲程发动机工作原理、各项参数意义，进而了解动力系统的重要性和内燃机动力系统的特点。

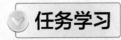

相关知识点 1：内燃机的分类

内燃机作为飞行器的动力系统有着悠久的历史。固定翼无人机多采取内燃机作为动力系统，因为其具有续航能力强、成本低、重量轻，可以实现超音速飞行等优点。

内燃机的燃料在缸体内燃烧，热量损失小，热效率高。根据燃料的不同，有汽油发动机和柴油发动机之分。

1. 汽油发动机

汽油发动机是以汽油作为燃料，将内能转化成动能的发动机。由于汽油黏性小、蒸发快，可以用汽油喷射系统将汽油喷入气缸，经过压缩达到一定的温度和压力后，用火花塞点燃，使气体膨胀做功。汽油发动机的特点是转速高、结构简单、质量轻、造价低廉、运转平稳。汽油发动机在汽车上，特别是小型汽车上大量使用。汽油发动机的缺点是热效率低于柴油发动机，油耗较高，点火系统比柴油发动机复杂，可靠性和维修的方便性也不如柴油发动机。

2. 柴油发动机

柴油发动机是燃烧柴油来获取能量释放的发动机。柴油发动机的优点是转矩大、经济性能好。柴油发动机的工作过程与汽油发动机有许多相同的地方，每个工作循环也经历进气、压缩、做功、排气 4 个行程。但由于柴油的黏度比汽油大，不容易蒸发，而其自燃温度却比汽油低，因此，可燃混合气的形成及点火方式都与汽油发动机不同。柴油发动机气缸中的混合气是压燃的，而非点燃的。柴油发动机工作时，进入气缸的是空气，气缸中的空气压缩到终点的时候，温度可以达到 500~700℃，压力可以达到 4~5MPa。当活塞接近上止点时，供油系统的燃油喷射器以极高的压力在极短的时间内向气缸燃烧室喷射柴油，柴油形成细微的油粒，与高压高温的空气混合，可燃混合气自行燃烧，猛烈膨胀产生爆发力，推动活塞下行做功，此时温度可达 1900~2000℃，压力可达 6~10MPa，产生的转矩很大，所以柴油发动机广泛地应用于大型柴油设备上。

不管是蒸汽机还是后来的单缸（多缸）柴油发动机、汽油发动机，都是活塞发动机。

相关知识点 2：活塞发动机的结构

活塞发动机通常是指燃油在气缸里燃烧膨胀，推动活塞下行带动曲轴旋转，以此形式输出动力的发动机，其利用一个或者多个活塞将压力转换成旋转动能。活塞发动机主要由活塞、曲轴、连杆、气缸、进气门、排气门和火花塞等组成，如图2-8所示。

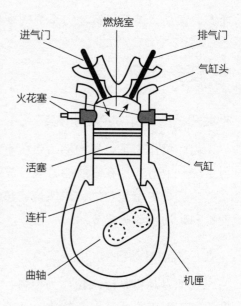

图 2-8　活塞发动机结构

1. 活塞

活塞在气缸中做往复运动，其顶面和气缸头内表面之间的空间是燃烧室。活塞发动机上装有数个弹性很强的活塞环，又称涨环，其作用是防止燃烧室内的高温高压燃气向外泄漏，并防止润滑油从外部进入燃烧室。

2. 曲轴和连杆

活塞和曲轴由连杆相连，从而将活塞的直线运动转变为曲轴的旋转运动，并将从每个气缸获得的功传输到螺旋桨。

3. 气缸

气缸内壁是燃烧室的组成部分，在发动机工作时，燃油与空气的混合物在燃烧室被压缩点燃，转变为高温、高压燃气，通过燃气的膨胀使热能转变为机械能。

4. 进、排气门

新鲜的油气混合物通过进气门进入气缸，膨胀做功后的废气经过排气系统排出。进、排气门的开关由气门结构控制。

5. 火花塞

火花塞通常被称为电嘴，其功能是适时高压放电，点燃气缸中的新鲜油气混合物。

相关知识点 3：四冲程发动机的工作原理

发动机的活塞顶部能到达的距曲轴旋转中心最远的位置叫上止点，相应地，活塞顶部能到达的距曲轴旋转中心最近的位置叫下止点，从上止点到下止点的距离叫作活塞行程，如图2-9所示。根据活塞式发动机的工作原理还可以将其分为二冲程发动机和四冲程发动机。以四冲程发动机为例，活塞在气缸内要经过4个行程，依次是进气行程、压缩行程、做功行程和排气行程，如图2-10所示。

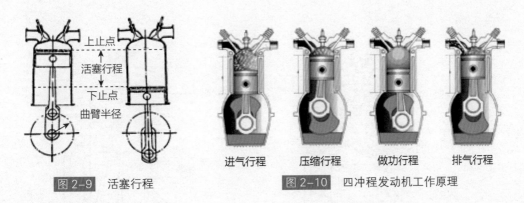

图 2-9　活塞行程

图 2-10　四冲程发动机工作原理

进气行程　压缩行程　做功行程　排气行程

1. 进气行程

这个行程进气门开启，排气门关闭，活塞下行，在缸内形成真空，将空气或者油气混合物吸入缸内。柴油发动机和直喷式汽油发动机吸入的是纯空气，而非直喷汽油发动机吸入的是汽油和空气的混合物。这个行程结束的时候，进气门会关闭。

2. 压缩行程

这个行程的目的就是让可燃混合气可以迅速燃烧，以产生较大的压力，从而增加发动机的输出功率。所以在燃烧前需要将混合气压缩，使其容积减小、密度增大、温度升高。

3. 做功行程

这个行程进、排气门仍然关闭，当活塞接近上止点的时候，压缩的可燃气体燃烧，放出大量的热能，压力和温度迅速增加，高温高压燃气推动活塞从上止点向下止点运动，通过曲柄连杆机构旋转输出机械能。

4. 排气行程

可燃气体燃烧后生成的废气，必须从缸内排出，以便进行下一个循环。当做功行程接近下止点的时候，排气门开启，靠废气压力自行排气，活塞绕过下止点后向上止点移动的时候，继续将废气强制排出到大气中。在排气行程终了，气缸内压力还是会稍稍大于大气压。

相关知识点 4：二冲程发动机

1. 二冲程发动机结构

二冲程发动机气缸体上有 3 个孔，即进气孔、排气孔和换气孔，分别在一定时刻由活塞关闭，如图 2-11 所示。

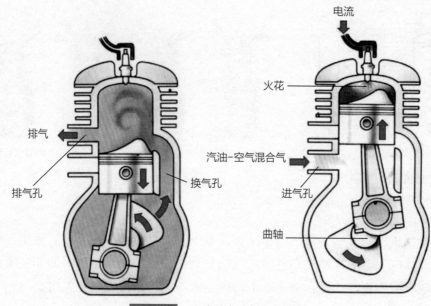

图2-11　二冲程发动机工作原理

（1）吸气　活塞自下止点向上移动，3个气孔均被关闭后，进入气缸的可燃混合气被压缩；在进气孔露出时，可燃混合气流入曲轴箱。

（2）燃烧　活塞压缩到上止点附近时，火花塞点燃可燃混合气，燃气膨胀推动活塞下移做功。这时进气孔关闭，密闭在曲轴箱内的可燃混合气被压缩；当活塞接近下止点时排气孔开启，废气冲出；随后换气孔开启，受预压的可燃混合气冲入气缸，驱除废气，进行换气行程。

2. 二冲程发动机与四冲程发动机的区别

二冲程发动机是在2个活塞行程内完成一个工作循环的发动机。二冲程发动机曲轴转一圈，发动机对外做功一次。压缩与吸气过程同时进行，做功后立即进行排气。

二冲程发动机与四冲程发动机的主要区别如下：

（1）结构

1）二冲程发动机的结构相对比较简单，主要由气缸盖、气缸、活塞和活塞环等零件组成，在缸体上开有进气孔、排气孔、换气孔；气孔的开启和关闭由活塞的位置决定。与四冲程发动机相比，没有复杂的配气机构和润滑系统，冷却系统一般都采用风冷，结构上大为简化，造价也更便宜。

2）四冲程发动机有独立的配气机构，通过凸轮轴、正时链条或气门顶杆，来控制气门的开启和关闭，比较精密。进、排气系统比较完善，所以比较省油。

（2）性能　当曲轴转速相同时，二冲程发动机单位时间的做功次数是四冲程发动机的2倍。理论上二冲程发动机的功率应是四冲程发动机的2倍（但实际上只有1.5~1.7

倍），发动机的升功率更高、动力性更好，振动也比较小。

综合来看，四冲程发动机应用得更加广泛，绝大多数的汽车和工程机械上搭载的都是四冲程发动机，而二冲程发动机更多地应用在那些不常使用和"推重比"很重要的场合，比如剪草机、油锯、农作机械和无人机等。

相关知识点 5：航空活塞发动机混合气的不正常燃烧过程

航空活塞发动机混合气的不正常燃烧是指可能造成破坏发动机正常工作的某些燃烧现象。这些不正常燃烧现象的发生，不但会降低发动机的功率和经济性，严重时还会损坏机件，甚至造成事故。因此，研究燃烧过程，还必须了解混合气不正常燃烧的现象，分析其产生的原因，从而找出预防的方法。

1. 混合气过贫油燃烧

当混合气的燃油不足，空气过多时，为过贫油燃烧，会产生下列不正常燃烧现象及危害。

（1）发动机功率减小，经济性变差　由于混合气过贫油，每千克混合气燃烧后的发热量少，燃气最大压力减小，而且火焰传播速度慢，燃烧时间延长，燃气最大压力出现得晚，热量散失多，燃气膨胀做功减少。

（2）排气管发出短促尖锐的声音　由于燃烧过程延续时间长，部分混合气在排气过程中仍在燃烧，流过排气管时便会发出短促而尖锐的声音。在夜间还可看到排气管口有脉动的淡红色或淡黄色的火舌，表明混合气流出排气管时还在燃烧。

（3）气缸头温度降低　混合气过贫油燃烧时，每千克混合气燃烧后热量小，使燃气温度降低，从而导致气缸头温度降低。

（4）化油器回火　当混合气过贫油燃烧时，火焰传播速度很慢，在排气过程快要结束时，进气门已经打开，气缸内一小部分混合气还在燃烧，下一个工作循环进入的新鲜混合气就会被残余的火焰点燃。如果火焰传播速度大于进气管内气体的流速，火焰就会窜入进气管内。由于化油器式发动机的进气管内充满新鲜可燃混合气，窜入进气管内的火焰此时就会点燃可燃混合气，从而引起混合气沿进气管一直回烧到化油器，这种现象称为化油器回火。当发动机在低温条件下起动时，由于发动机温度低，汽油不易蒸发，混合气容易形成过贫油燃烧，而且起动时进气速度很小，故易产生化油器回火。

（5）发动机振动　混合气过贫油燃烧时，由于混合不均，不同气缸，不同工作循环，同一气缸的不同区域，其贫油程度都不相同，从而引起燃气压力大小不等，作用在曲轴上的力不均匀，引起发动机振动。

2. 混合气过富油燃烧

当混合气的燃油过多、空气过少时，则为过富油燃烧。混合气过富油燃烧时，会出现燃油不能完全燃烧，燃油汽化吸收的热量增多，每千克混合气燃烧后的发热量减小，以及燃气最大压力出现得晚等现象。因此，发动机过富油燃烧时也会出现与过贫油燃烧时相似的现象。例如，发动机功率减小、经济性变差、气缸头温度低、发动机振动等。不过，混合气过富油燃烧还会有另外一些不同的不正常燃烧现象及危害。

（1）气缸内部积炭　混合气过富油燃烧后，燃油不完全燃烧，会积聚在活塞顶、气缸壁、火花塞和气门等处，这种现象称为积炭。活塞顶和气缸壁积炭的位置导热性变差，散热不良，会造成机件过热；火花塞上积炭，会使其产生的电火花能量减弱，甚至使火花塞不能跳火；气门上积炭可导致气门关闭不严而漏气，使压缩比降低，或因散热不良而烧坏气门。所有这些情况，都会使发动机功率下降，经济性变差，严重时将使机件损坏，发动机出现故障。

（2）排气管口冒黑烟和"放炮"　混合气过富油燃烧时，由于废气中含有大量未燃或正在燃烧的炭颗粒，使排出的废气带有浓密的黑烟。当废气中剩余的可燃物质在排气管口与外界空气相遇而复燃时，就会产生一种类似放火炮的声音，称为排气管"放炮"，在夜间还可以看到排气管口喷出长而红的火舌。

3. 早燃

混合气在压缩过程中，如果在火花塞跳火花之前温度已达到着火温度，混合气就会自燃，这种发生在火花塞点火之前的自燃现象叫早燃。

早燃的危害类似于点火提前角过大时的情况。早燃发生后，气体压力升高过早，压缩行程消耗的功增大，同时燃气散热量增大，膨胀所做的功减小。于是，发动机功率减小，经济性变差。对于多缸发动机，如果某些气缸出现早燃，则曲轴机构受力不均匀，使发动机产生振动。若发动机在小转速工作时发生早燃，则压缩行程后期燃气作用在活塞上的力过大，而曲轴旋转惯性又较小，便会引起曲轴倒转，从而损坏机件。

引起早燃的原因主要是气缸头温度过高或压缩比过大。当气缸头温度过高时，火花塞、排气门等高温机件以及炽热的积炭，都能使混合气早燃。因此，必须防止气缸头温度过高及防止气缸内部积炭，以免炽热的炭粒引燃混合气。压缩比过大时，混合气受压缩后温度过高，容易达到着火温度而发生早燃。在对发动机进行维护时，对于刚停止的发动机，绝不允许随意扳动旋翼。因为此时气缸头温度仍然很高，如果扳动旋翼，混合气受压缩可能发生自燃，使旋翼转动起来出现伤人事故。

4. 爆燃

在一定的条件下，气缸内混合气的正常燃烧遭到破坏而在未燃混合气的局部区域出现爆炸性燃烧的现象称为爆燃。发生爆燃时，瞬间的火焰传播速度、局部燃气压力和温度都远远超过正常燃烧时的数值。瞬间的火焰传播速度可达 2000 m/s，局部燃气压力可达 98~118 bar（1 bar=10^5Pa），局部燃气温度可达 3 000℃以上。

爆燃发生时的现象和后果。

1）发动机内发出不规则的金属敲击声。这是由于爆燃产生的爆燃波猛烈撞击气缸壁和活塞顶发出的声音，但通常会被发动机的工作噪声所掩盖。

2）气缸局部温度急剧升高，活塞、气门及火花塞等机件过热或烧损。

3）排气总管周期性冒黑烟。这是由于气缸爆燃产生的局部高温，使燃烧产物离解，游离出的炭随废气排出形成的。

4）发动机振动，机件易损坏。这是由于爆燃产生的局部高压作用在活塞上，曲轴机构受到强烈冲击而引起的。

5）发动机功率减小，经济性变差，转速下降。由于燃烧产物的离解，燃料不完全燃烧，同时热损失增加，热利用率降低，最终引起发动机功率减小，经济性变差，发动机转速下降。

任 务 核 验

思考题

1. 请列出内燃机各个种类的名称。

2. 简述活塞发动机的工作原理。

3. 简述二冲程发动机和四冲程发动机的区别。

学习任务 3　内燃机系统之涡轮发动机的认知

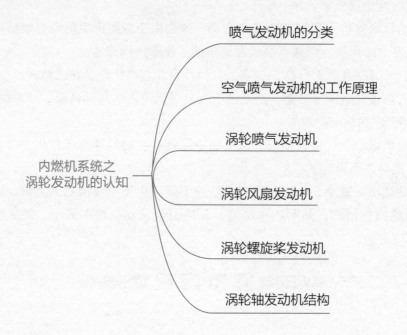

知识目标

1. 了解一般无人机所用涡轮喷气发动机的分类和外形区别。
2. 熟悉涡轮喷气发动机的基本结构和相关术语。
3. 熟悉涡轮喷气发动机的工作原理。

任务描述

　　学习本部分的内容，是为了了解内燃机中的涡轮喷气发动机动力系统组成部分的工作原理、动力系统的特点。现在高速大型无人机应用最广、数量最多的是涡轮喷气发动机，它具有体积大、动力强、可超音速等优点。

任务学习

相关知识点 1：喷气发动机的分类

　　与活塞式发动机通过活塞的往复运动或旋转运动产生动力的方式不一样，喷气发动机是通过高速喷射燃烧气体产生的反冲作用获得动力使飞行器前进的发动机，包括了空气喷气发动机和火箭发动机。空气喷气发动机燃料燃烧时需要从空气中获得氧气，因而只能在大气中飞行。根据是否有压气机，空气喷气发动机分为有压气机的喷气发动机（燃气涡轮发动机）和无压气机的喷气发动机，详细分类如图 2-12 所示。

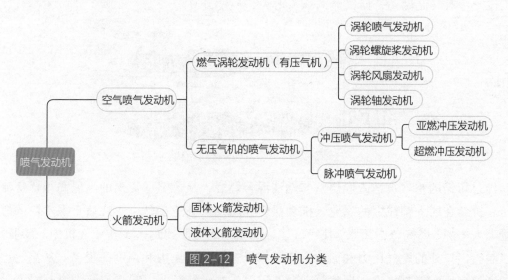

图 2-12　喷气发动机分类

火箭发动机也是依靠高速喷射燃烧流体产生动力的发动机，但它不是用空气形成燃烧，而是用火箭本身自带的氧化剂和燃烧剂产生燃气射流。超燃冲压发动机、脉冲爆燃发动机等新型发动机也属于空气喷气发动机，但它们的工作原理与其他空气喷气发动机不同。

相关知识点 2：空气喷气发动机的工作原理

空气喷气发动机在工作时，从前端吸入大量空气，燃烧后高速喷出，相当于发动机给气体施加力使之加速向后喷射，按照作用力与反作用力原理，向后高速喷出的气体也会给发动机一个反作用力，也就是使飞机前进的推力。

从产生输出能量的原理上讲，空气喷气发动机和活塞式发动机是相同的，都需要有进气、加压、燃烧和排出 4 个过程。不同的是，活塞式发动机的 4 个阶段是分时依次进行的，而空气喷气发动机则是连续进行的。

相关知识点 3：涡轮喷气发动机

有压气机的空气喷气发动机的核心部件是由压气机、燃烧室、涡轮等部件组成的燃气发动机，故统称为燃气涡轮发动机。

涡轮喷气发动机也称涡喷发动机，由进气道、压气机、燃烧室、涡轮和尾喷管组成，其中由进气道、压气机、燃烧室这 3 个部件构成燃气发动机，如图 2-13 所示。在飞行过程中，空气首先进入发动机的进气道，其进入速度即可看作是飞行速度。因为压气机能够适应的来流速度是有一定范围的，而飞机飞行速度的变化范围较大，所以需要通过进气道进行调整。进气道出来的气流就被送入压气机增压。空气流过压气机时，压气机的工作叶片对气流做功，使气流的压力增大，温度升高。

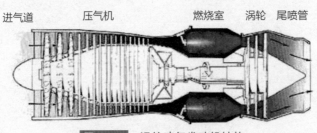

　　进气道　　　　　压气机　　　　　　　燃烧室　涡轮　尾喷管

图 2-13　涡轮喷气发动机结构

　　经过压缩的空气被送入燃烧室与燃油混合燃烧，从燃烧室流出的高温高压燃气流过与压气机装在同一轴线上的涡轮，推动涡轮和压气机高速旋转。燃烧后，涡轮前的燃气能量大大增加，燃气急剧膨胀，使得气体在涡轮中的膨胀比远大于在压气机中的膨胀比，所以涡轮出口处的燃气压力和温度会比压气机进口处的压力和温度高很多。从涡轮中流出的高温高压燃气直接进入尾喷管，并在尾喷管中继续膨胀，最后以高温高速沿发动机轴向从喷口喷出，使发动机获得反作用力提供的推力。

　　涡喷发动机有着优异的高速性能，因此主要应用于高空、高速飞行的战斗机。根据能量输出方式的不同，在涡喷发动机的基础上，又派生出了涡轮风扇发动机、涡轮螺旋桨发动机和涡轮轴发动机等多种形式的有压气机的空气喷气发动机。

相关知识点 4：涡轮风扇发动机

　　涡轮风扇发动机也称涡扇发动机，如图 2-14 所示。

　　涡轮风扇发动机的空气通路分为内、外两路，所以又叫作双路涡轮喷气发动机，或内外涵涡轮喷气发动机，其中外涵与内涵空气质量流量比为涵道比，用 B 表示，涵道比是涡扇发动机的一个重要性能参数。涡扇发动机的内涵与涡轮喷气发动机完全相同；外

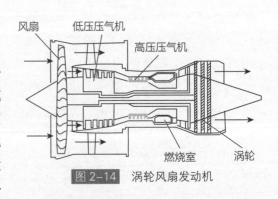

风扇　　低压压气机
　　　　　　高压压气机
　　　　　　　燃烧室　涡轮

图 2-14　涡轮风扇发动机

涵中有风扇，由涡轮驱动，它使外涵空气受压缩后经过外涵道直接加速向后喷出，而产生部分推力。涡扇发动机的总推力是发动机的核心机和风扇分别产生的内涵推力和外涵推力的总和。

优点：推力大、推进效率高、噪声低、燃油消耗率低，与涡喷发动机比更省油，尤其是在超声速不大时，经济性和综合性能好，有利于提高飞行航程，故大型喷气式运输机都采用涡轮风扇发动机。

缺点：发动机结构复杂，设计难度大，而且风扇的迎风面积大，增加了阻力。

涡扇发动机的性能随涵道比的不同差异很大，涵道比大，发动机的耗油率低，有利于增加航程，但发动机的迎风面积也大，增加了阻力；涵道比小，发动机迎风面积减小，但耗油率又会增大。对于高涵道比的涡扇发动机，其外涵推力可以达到 78% 以上。高涵道比（B 为 4~10）涡扇发动机适宜用作高亚声速大、中型无人飞机的动力装置；低涵道比（B 为 0.2 ~ 0.6）涡扇发动机适宜用作超声速无人战斗机的动力装置。

相关知识点 5：涡轮螺旋桨发动机

涡轮螺旋桨发动机也称涡桨发动机。为了进一步提高发动机的效率，人们去掉了涡扇发动机的风扇外壳，用螺旋桨代替了原来的风扇，便形成了涡轮螺旋桨发动机。涡桨发动机主要由螺旋桨、减速器、燃气发生器和涡轮等组成，螺旋桨由涡轮带动，如图 2-15所示。

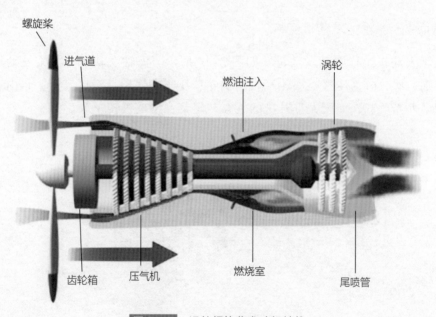

图 2-15　涡轮螺旋桨发动机结构

涡桨发动机主要以螺旋桨旋转产生的力量作为飞机前进的推进力，这一点与传统的"螺旋桨 + 活塞发动机"的动力模式相似。但在涡桨发动机中，螺旋桨由涡轮带动以恒定的速度旋转，而活塞发动机的螺旋桨的转速是随着发动机的转速变化的。结构上，由于螺旋桨直径大，转速远低于发动机的涡轮，为了使涡轮能够带动螺旋桨，在它们之间需要安装有减速器，用于将涡轮转速降至原来的 1/10 左右。减速器的设计较为复杂，重量大，在涡桨发动机中非常重要。

涡桨发动机的螺旋桨后部的气流相当于涡扇发动机的外涵道。因为螺旋桨的直径比发动机大很多，所以螺旋桨产生的气流量也远大于内涵道的气流量，这种发动机也可看作是具有超大涵道比的涡扇发动机。尽管涡桨发动机和涡扇发动机的工作原理近似，但两者在动力输出方面却有很大的差别，涡扇发动机主要的动力输出来自尾喷管喷出的燃气产生的反作用力，而涡桨发动机的主要输出功率为螺旋桨的轴功率，相比之下，它的尾喷管喷出的燃气的推力是极小的，只占总推力的 5% 左右。为了能够驱动大功率的螺旋桨，涡桨发动机的涡轮级数要比涡扇发动机多，通常为 2~6 级。由于涵道比大，涡桨发动机的低速效率高于涡扇发动机，但受螺旋桨效率的影响，它的适用速度不能太高，一般要小于 900 km/h。

涡桨发动机的优点：一是功率大，最大功率可达到 10000 马力（1 马力 =735.499W），功重比（功率 / 重量）可达 4 以上；二是涡桨发动机的转速恒定，稳定性好，噪声小，工作寿命长，维修费用低；三是两者的耗油率相近，但涡桨发动机的适用高度和速度范围都比活塞发动机大得多。

相关知识点 6：涡轮轴发动机结构

涡轮轴发动机也称涡轴发动机，如图 2-16 所示。涡轴发动机与涡桨发动机几乎没有多大区别，涡轮分为压气机涡轮和自由涡轮；压气机涡轮带动压气机，自由涡轮通过减速器带动外界负载，如无人直升机的旋翼、尾桨、发电机转子等。

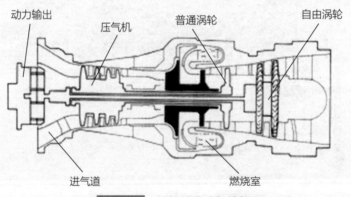

图 2-16　涡轮轴发动机结构

涡轴发动机是一种输出轴功率的涡轮喷气发动机，主要用作无人直升机的动力装置。涡轴发动机与涡喷发动机的最大区别在于涡轮的功用上，涡喷发动机的涡轮只带动压气机，推力由喷气的反作用实现；涡轴发动机的涡轮除带动压气机外，更主要的是带动外界负载（旋翼），喷气几乎没有推力，因此尾喷管退化成了排气管。

任　务　核　验

思考题

1. 请列出喷气发动机各个种类的名称。

2. 简述喷气发动机的工作原理。

3. 简述喷气发动机和活塞发动机的区别。

实训任务 1　电动无人机动力系统搭配

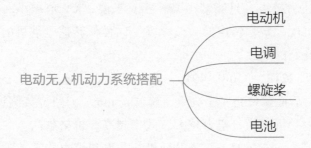

 技能目标

1. 掌握挑选电动机的方法。
2. 掌握电动机的基本结构和相关术语。
3. 掌握挑选电调的要求。
4. 掌握螺旋桨的各项参数和类别。
5. 掌握电池的各项参数和类别。

 任务描述

使用电动机作为无人机的动力系统核心是无人机最广泛的应用方案。合理选择搭配动力系统是使用无人机的基础。电动无人机动力系统主要包括电动机、电调、螺旋桨和电池 4 个部分。

任务实施

1. 任务准备

将工位清理干净，准备好相关的器材和工具。将无人机在工位上放置好，确认无人机已断电。

2. 挑选电动机

在挑选电动机时要先看无人机的大小和无人机的电动机座大小。其中第一个考虑的参数为 KV 值，大 KV 值配小桨，小 KV 值配大桨。

KV 值是每 1V 的电压下电动机每分钟空转的转速。例如，KV800 表示在 1V 的电压下空转转速是 800r/min，在 10V 的电压下是 8000r/min。

电动机绕线匝数多的，KV 值低，最高输出电流小，但扭力大；绕线匝数少的，KV 值高，最高输出电流大，但扭力小。

KV 值越小，同等电压下转速越低，扭力越大，可带更大的桨。KV 值越大，同等电压下转速越高，扭力越小，只能带小桨。相对来说，KV 值越小，效率就越高。航拍要选用低 KV 电动机配大桨，转速低，效率高，同样低转速电动机的振动也小。对航拍来说这些都是极为有利的。

电动机型号，如 2212、3508、4010，这些数字表示电动机定子的直径和高度。前面两位是定子直径，后面两位是定子高度，单位是 mm。前两位数值越大，电动机越粗；后两位数值越大，电动机越高，扭力越大，效率越高，价格越高。

效率的标注方式是：g/W（克/瓦）。电动机的功率和拉力并不是成正比的。也就是说，50W 对应 450g，100W 可能只对应 700g，具体效率要看电动机的效率表。大多数电动机在 3~5A 的电流下效率最高。

一般正常飞行时，效率保持在合理的范围内，能够很好地保证续航能力。

3. 挑选电调

电调的选择主要看所需要的电流大小，根据电动机的 KV 值和定子的大小决定用多大的电调。电调选择准则一般为：电调可以 150% 超负荷工作大约 30s 而没有太大损伤，比如满负荷 45A，则可以选配 40A 电调，因为一般不会满负荷很久，如果超过 48A 还是建议直接选择 60A 的，尺度要根据实际情况来把握。

4. 挑选螺旋桨

螺旋桨是动力系统中很重要的一个配件，也是很容易损坏的一个配件。所以，除了螺旋桨的大小、桨距需要考虑外，还要考虑螺旋桨的材质和性价比。

其中，碳纤维螺旋桨在稍大型无人机中应用广泛，因为其具有坚固、形变小、重量极轻等优点。其缺点也很明显，因为碳纤维硬度高导致其容易碎裂，纤薄的地方也会非常锋利，容易伤人。同时，因为工艺难度高，其价格也较贵。

榉木桨通常应用在比较大的无人机上，因为其不容易变形，价格便宜被广泛应用，缺点是较为笨重，也没有小号的桨。

塑料桨是在小型无人机中最常见的配置之一，因为其有价格低廉、一致性高、轻便、不易损坏等优点。其缺点在于容易变形、断裂，易疲劳，不同厂家产品质量参差不齐。

相同的电动机，不同的 KV 值，用的螺旋桨也不一样，每一种电动机都会有一个适配的螺旋桨。相对来说，螺旋桨配得过小，不能发挥最大拉力；螺旋桨配得过大，电动机会过热，会使电动机退磁，造成电动机性能永久下降。

5. 挑选电池

选择电池时主要注意三项参数：电压、电池容量、电池放电系数。应在满足动力和载荷需求的情况下尽量选择小电压的电池。因为电池型号中的 S 数越多，电池就越重，但是电池容量并没有增加，反而造成了动力的浪费。但是电压不足又会造成无人机动力不足无法起飞的情况。

电池容量在无人机载重能承受的范围内越大越好，能使飞行时间更长，但是电池容量越大电池就越重，价格也越贵。

电池放电系数的大小决定了无人机在空中的灵活程度。因为无人机在变速运动中电流也在迅速变化，如果无人机需求的电流大于电池能提供的最大电流就会导致无人机无法完成这个动作，所以放电系数越大越好。

6. 整理

整理工位，清点工具，清洁场地。

7. 完成报告单

将挑选好的各个部件记录下来，说明理由，完成报告单。

任 务 核 验

一、思考题

1. 简述多旋翼无人机动力系统的组成。

2. 简述多旋翼无人机动力系统各器件的功能。

3.简述多旋翼无人机的动力系统搭配理由及挑选的注意事项。

二、练习

请完成活页式工作手册项目 2 中的实训任务 1。

实训任务 2　拆装电动多旋翼无人机动力系统并检修

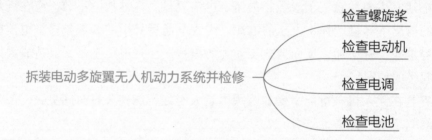

 技能目标

1.掌握电动机动力系统的拆装和检修方法。
2.掌握有刷电动机和无刷电动机的拆装方式。
3.掌握有刷电调和无刷电调的安装方式。
4.学会拆装和检修无人机动力系统。

 任务描述

学会组装和检修无人机动力系统是使用无人机的关键。

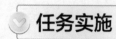 **任务实施**

1.任务准备

将工位清理干净，准备好相关的器材和工具。将无人机在工位上放置好，确认无人机已断电。

2. 识别螺旋桨

识别螺旋桨的正反、前后、旋转方向，正确看懂螺旋桨的参数并试着描述清楚螺旋桨的特点。

3. 拆螺旋桨

把所有螺旋桨从飞机上拆下，注意旋转方向。

4. 检查螺旋桨

检查每只螺旋桨是否完整，有无裂痕、变形、磨损和弯折。

5. 识别电动机

识别电动机上标明的参数，认清电动机旋转方向。

6. 拆下电动机

断开所有电动机与电调的连接，将所有电动机底座的螺钉拧下，将电动机拆下。

7. 拆开电动机

将电动机底部卡簧轻轻用镊子剥离，注意力道，卡簧细小容易弹飞，不容易找到。建议拆电动机前打扫地面，保持清洁。

8. 检查电动机

卡簧拆下后，将电动机的转子和定子分离，检查电动机内有无杂质、灰尘，线圈缠绕部分有无断裂，用鼻子闻有无焦烟味。

9. 组装电动机

检查完毕后将转子和定子合上，用卡簧卡死。

10. 识别电调

识别电调上标明的参数，认清电调每根线的连接位置和方式。

11. 拆下电调

断开电调与飞控的连接，将电调从分电板上焊下。注意安全，小心烫伤。

12. 检查电调

检查电调有无破损、断裂、变形，用鼻子闻有无烧焦煳味。

13. 识别电池

识别电池上标明的参数，认清电池的容量、电压、放电系数。

14. 检查电池

检查电池有无鼓包、变形、漏液和温度失常，接口有无破损、开焊、杂质。

15. 安装归位

检查完毕后，除螺旋桨外，将所有零件安装回原位。将遥控器打开，在无人机通电后观察电调自检是否正常，电动机能否解锁，电动机旋转方向是否正常，旋转有无杂音，有无烧焦煳味。

16. 确认组装正确

确认组装无误后，停机断电，关闭遥控器，将螺旋桨归位。

17. 整理

整理工位，清点工具，清洁场地。

18. 完成报告单

按照本组分析、讨论、归纳的结果完成任务报告单。

■■■■ 任 务 核 验 ■■■■

一、思考题

1. 简述多旋翼无人机动力系统各器件的功能。

2. 简述多旋翼无人机的动力系统检修流程及各步骤的注意事项。

3. 简述多旋翼无人机的测试流程及各步骤的注意事项。

二、练习

请完成活页式工作手册项目 2 中的实训任务 2。

实训任务 3 内燃机系统之活塞发动机的试车

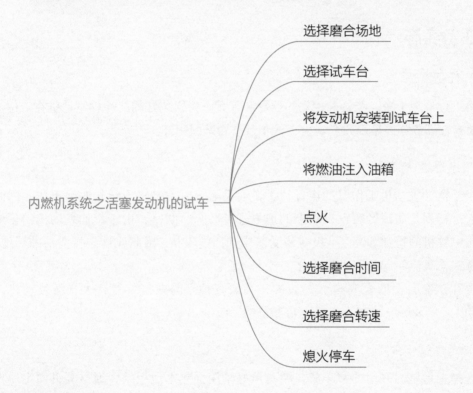

内燃机系统之活塞发动机的试车——
- 选择磨合场地
- 选择试车台
- 将发动机安装到试车台上
- 将燃油注入油箱
- 点火
- 选择磨合时间
- 选择磨合转速
- 熄火停车

 技能目标

1. 能够分析二冲程发动机的结构组成。
2. 能够掌握二冲程发动机工作原理。
3. 能够独立拆解二冲程发动机。
4. 能够保养和组装二冲程发动机。
5. 能够对组装好的发动机进行试车和磨合。

任务描述

完成发动机组装后，需将发动机装到试车台进行试车。试车有两个目的：首先，确定活塞涨环是否安装到位，并磨合已经安装的新部件；其次，在这期间还能够校正任何不正常的状况并检查润滑油是否有渗漏。

发动机生产厂家建议在大修之后在试车台进行发动机试车。如果没有适合的试车台，也允许把发动机安装到无人机上进行试车。如果要在试车台上磨合或测试发动机，必须有很好的减振装置，否则可能导致发动机部分零件损坏，而木材是非常好的减振材料。

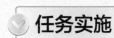 **任务实施**

1. 任务准备

将工位清理干净，准备好相关的器材和工具。将组装好的二冲程发动机在工位上放置好，检查各部分零件是否齐全，检查试车台是否坚固完好。

2. 选择磨合场地

由于汽油发动机工作时的声音很大，而且磨合时发动机连续长时间工作，因此应该在离人群特别是居民区数百米以上的地方进行磨合。同时，由于汽油发动机的化油器油路远比甲醇机的精细和复杂，极容易受灰尘杂质的干扰，因此应该选择清洁的场地磨合，以免螺旋桨气流卷起的灰尘进入化油器。

要在试车台上磨合或测试发动机，必须有很好的减振装置，大排量发动机，（如50mL以上）最好安装在无人机上进行磨合。

3. 选择试车台

选择一台坚固好用的磨车架，架身最好采用强化木地板条，通过螺钉固定后再用铁丝束紧，避免发动机工作时的振动使架身分开，上层可以打一些眼穿扎带来固定设备，用上摇臂可以调节油门钢丝的长短，调节油门分别在低、中、高速状态下磨合。

4. 将发动机安装到试车台上

将发动机安装到试车台上，注意减振以免损坏发动机。

5. 将燃油注入油箱

将燃油注入油箱准备点火。

6. 点火

（1）吸油　关闭 CDI（电容放电式点火系统）供电，关闭风门，油门开过半，快拨桨数下，看到油进入化油器后再拨两次。这样把油吸到化油器并雾化到气缸。

（2）初爆　打开 CDI 供电，保持风门关闭，大油门状态，快拨桨数下，听到燃爆声时停止。此时发动机进入能正常点火的工作状态。

（3）起动　保持 CDI 供电，打开风门，把遥控器油门杆收至离底部一至两格的高怠速位置，快拨桨两三下即可顺利起动。

1）手拨起动技巧

①拨桨的中外部使桨能良好受力，在输出轴转过点火点的瞬间获得最高速度。

②适当用上腕力，这样在输出轴转过点火点时手掌能自然勾回离开桨的旋转面，避免发动机起动，特别是大油门起动时桨砍到手掌的危险。熟练后手指的运动轨迹则形成一条优美的弧线。

2）手拨起动注意事项

①事先应该检查桨的前沿及后沿是否光滑。不少尼龙桨的前沿及后沿非常粗糙，拨桨时会严重划伤手指。

②每次拨桨前应该仔细检查 CDI 供电、风门、油门，避免突然大油门起动措手不及发生危险。

7. 选择磨合时间

不同厂家出厂的发动机，需要的磨合时间从数十分钟到十来个小时不等，具体磨合时间以说明书和厂家售后为准。

8. 选择磨合转速

当磨合甲醇发动机时，可以使用 2000r/min 左右的转速进行长时间磨合。如果磨合汽油发动机，则需要在开始时用约 5% 的时间在低速（怠速）磨合，让气缸与活塞适应性匹配工作；中间约 80% 的时间在 3000~4000r/min 的中速磨合，此时积炭很少，并且是使用量最多的转速；最后约 15% 的时间在最高速磨合。这样磨合后的发动机缸内清洁光亮、工作稳定、动力强劲。如果汽油发动机长时间地低速工作，会在火花塞、活塞环、气缸壁上产生较为明显的积炭。

9. 熄火停车

磨合好后，熄火停车，记录磨合情况。

10. 整理工位

整理工位，清点工具，清洁场地。

11. 完成任务报告单

按照本组分析、讨论、归纳的结果完成任务报告单。

━━━━━━━━ 任 务 核 验 ━━━━━━━━

一、思考题

1. 简述二冲程发动机试车台的选择方法。

2. 简述二冲程发动机点火步骤和顺序。

3. 简述二冲程发动机的点火注意事项。

二、练习

请完成活页式工作手册项目 2 中的实训任务 3。

项目 3 无人机航电系统

　　本项目介绍了无人机系统中电路系统的重要知识。电路系统是无人机的主要关键技术之一，主要作用是为无人机的各个系统正常工作相互连接提供保证，它直接影响无人机的性能、结构和可靠性。电路系统通常由各部分系统的电路接口组成，各个部分的匹配情况、电路系统与整机的匹配情况，会直接影响整机效率、稳定性。

学习任务 1　电路系统的认知

 知识目标

1. 了解无人机电路的组成部分。
2. 掌握无人机电路的基本结构和相关术语。
3. 掌握无人机电路各项模块的工作原理。
4. 学会拆装和检修无人机电路系统。

 任务描述

　　学习本部分的内容，是为了了解电路系统组成部分，电路各项接口、参数的意义。该部分知识体现了电路系统的重要性和复杂程度。无人机的电路系统有众多不同的应用方案。这里阐述的只是其中一种电动无人机的电路系统方案，主要内容包括供电、配电、用电 3 个部分。

（1）供电部分　多旋翼无人机的供电由动力电池提供，燃油固定翼无人机的供电则由供电电池提供。

（2）配电部分　无人机的配电部分是分配电力的主要部分，主要由电线和分电板组成。多旋翼无人机的配电部分通常铺设在机架内部，通过分电板实现各项用电器和电池的连接。燃油固定翼无人机的配电部分则大多由电线组成，主要将飞控与各项传感器、舵机、火花塞连接起来。

（3）用电部分　无人机用电部分是主要的做功部分，多旋翼无人机的大部分零件都属于用电部分，比如电动机、飞控、各项传感器等。燃油固定翼无人机的用电部分较少，主要是舵机、飞控、点火系统等。

❤ 任务学习

相关知识点 1：无人机供电部分

无人机的供电大多由电池提供。常见的电池有干电池、铅酸蓄电池、锂电池等。经过筛选和综合考虑后，大多数无人机都选择锂电池作为无人机的供电部分，其有以下优点：

（1）能量比较高　锂电池具有高储存能量密度，可达到 460~600W·h/kg，是铅酸蓄电池的 6~7 倍。

（2）使用寿命长　锂电池使用寿命可达到 6 年以上，以磷酸亚铁锂为正极的电池 1C（100%DOD，即 100% 放电深度）充放电，有可使用 10000 次的记录。

（3）额定电压高　锂电池单体工作电压为 3.7V 或 3.2V，约等于 3 只镍镉或镍氢充电电池的串联电压，便于组成电池电源组。锂电池可以通过一种新型的调压器技术，将电压调至 3.0V，以适合小型电器的使用。

（4）具备高功率承受力　无人机用的锂电池可以达到 15~45C 放电的能力，便于高强度的变速加速。

（5）自放电率很低　这是该电池最突出的优越性之一，一般可做到 1%/ 月以下，不到镍氢电池的 1/20。

（6）重量轻　相同体积下锂电池重量为铅酸产品的 1/6~1/5。

（7）高低温适应性强　锂电池可以在 –20~60℃ 的环境下使用，经过工艺上的处理，可以在 –45℃ 环境下使用。

（8）绿色环保　锂电池不论生产、使用和报废，都不含有也不产生任何铅、汞、镉等有毒有害重金属元素和物质。

但是锂电池也不是完美的供电选择，其缺点有：

1）锂原电池均存在安全性差的问题，有发生爆炸的危险。

2）锂离子电池均需保护电路，防止电池被过充、过放电。

3）生产要求条件高、成本高。

4）使用条件有限制，高低温使用危险大。

相关知识点 2：无人机配电部分

无人机配电部分的主要作用是根据设备的用电要求，对供电部分提供的电能进行合理分配和控制。配电部分主要由电线和分电板组成。因为各项用电器的工作电压并不相同，所以用电器需要稳压降压模块的辅助才能正常工作。

1. 电线

无人机所使用电线的外部绝缘皮通常有各种不同颜色，代表了不同的含义。一般红色代表正极，蓝色代表信号，黑色或黄绿相间代表负极。但各个国家的电线颜色要求并不一致。

2. 分电板

分电板是用于连接电池、电调的电路板，将电源分为多路，如图 3-1 所示。很多分电板集成 BEC（免电池电路）输出，功能更加丰富强大，集成功能更多，比如，LED（发光二极管）控制、追踪器、欠电压报警等。其制造品质直接影响无人机的稳定性和使用寿命。

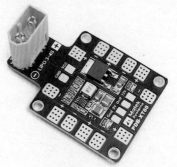

图 3-1　分电板

相关知识点 3：无人机用电部分

无人机用电部分包含了主要的工作系统，如电动机、电调、舵机、飞控、载荷等。无人机的动力系统主要由螺旋桨、电动机、电调所组成。电动机驱动螺旋桨做功；电调用于调节电动机的转速；舵机用于操控无人机的舵面和起落架等可动部件；飞控是无人机的控制核心，需要通电才能控制无人机的工作；载荷是无人机主要的任务执行系统，也需要连接飞控和电源才能正常工作。

无人机动力系统的工作电压通常为电池的电压。电池电压经过电调被降低到电动机所需要的电压水平，以免转速过快损坏电动机导致飞机失控。同时，在连接飞控或接收机端的接口处将电压降低至 5V 左右，以避免接收机或飞控烧坏。

无人机的飞控负责处理飞行中各种信息流，所以有大大小小各种接口。除信号端口以外，通常工作电压为 5V。飞控的电力由供电部分提供，经过 PMU（电源管理模块）降压后供给，也有少量飞控使用经过电调降压后供给的电力。

载荷种类广泛，如相机云台、农药喷洒器、抓手喷火器等。不同载荷所需要的电压也不尽相同，但大多结构相似，都是通过飞控或接收机连接舵机，再通过舵机的活动完成载荷的运动。大多数载荷都会自带电源保障工作，也有些载荷集成到配电部分通过动力电池获得电力。

任 务 核 验

思考题

1. 请列出供电系统各个部分的名称。

2. 简述配电部分不同颜色电线的作用。

学习任务 2　无人机充放电系统的使用

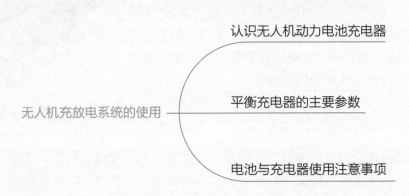

无人机充放电系统的使用 —— 认识无人机动力电池充电器

平衡充电器的主要参数

电池与充电器使用注意事项

 知识目标

1. 了解充电器的区别。
2. 掌握充电器的使用方法。
3. 能够使用充电器充电。

任务描述

本任务介绍了无人机充放电系统的重要知识。充电器是无人机的关键配件之一，主要作用是为无人机的动力电池充电和放电，它直接影响无人机电池的寿命、效率和安全性。充电器放电功能通常会在保养或者保存不经常使用的动力电池的情况下用到。

无人机的电池和充电器选择一定要谨慎，由于无人机使用的都是高能量的锂电池，瞬间放电能造成危险，如爆炸、起火等，所以无人机的电池在充电的时候也要谨慎，选择合适的充电器和合适的充电方法，尽量避免危险发生。

一个合格的无人机动力电池充电器主要有以下特性：

1）平衡电压测量分辨率，可以充分保护电池。

2）节能环保的再生放电功能。

3）超快平衡电池单片电芯的能力。

4）提供智能电源管理系统，可设置放电电流、电压限制和放电量告警，避免过度放电。

5）支持并联充电，在并联充电板的支持下，可同时给多块电池充电。

任务学习

相关知识点1：认识无人机动力电池充电器

无人机动力电池充电器通常被称为平衡充电器。这是因为无人机所用的动力电池由多片锂电池串联而成，为了能让串联的锂电池组中的每一块锂电池都能平衡电压，同时充满，就需要专用的平衡充电器，如图 3-2 所示。

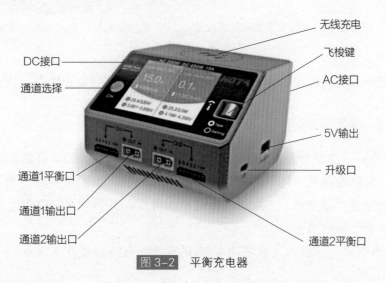

图 3-2　平衡充电器

（1）充电器输出接口　充电器输出接口一般是 XT60 和 XT30，再配上平衡头的接口。一般还有 5V 的输出，甚至是无线充电的输出，可以给手机充电，也有 Type-C 的输出，给笔记本式计算机供电。

（2）充电器输入接口　充电器输入接口一般有两种：一种是充电器内置了直流电源，可以直接接到 220V 交流电源；另一种就需要有额外的直流电源把 220V 的市电转换成直流电，或者使用大的电池包通过充电器给电池充电。

图 3-3 所示就是两种输入接口，左边是直流输入，右边是交流输入。

图 3-3　两种输入接口

两种接口各有各的好处，对比见表 3-1。

表 3-1　充电器两种接口的对比

接口	优点	缺点
直流输入	1. 一般充电功率比较大 2. 可以外接大的电池包，给小电池充电	使用不方便，需要额外的直流电源
交流输入	使用方便，直接接到市电就可以用	充电器需要内置直流电源，增加充电器的体积和成本，受此限制一般充电功率也没有直接输入大

也有的充电器能同时支持直流输入和交流输入，但是一般价格高且体积大。

相关知识点 2：平衡充电器的主要参数

（1）通道数　通道数指能同时给电池充电的数量。当然是通道数越多越好，但是通道数越多，价格也越贵，体积也越大。一般飞无人机，标配 2~4 块电池，选 2 通道或者 4 通道的充电器比较合适。1 通道的充电器也可以，其体积小，携带方便，就是充电的时候需要经常更换电池。

（2）输出功率　一般无人机使用 4~6S 的电池，电池容量在 5200mA·h 左右；小型无人机使用 3~4S 的电池，电池容量在 2200mA·h 左右。电池充电时一般选择 2C 以下的电流，过高充电电流会影响电池的性能和寿命。因此，一般无人机一块电池充电功率为 $6 \times 4.2V \times 5.2A \times 2 \approx 262W$；小型无人机，一块电池充电功率为 $4 \times 4.2V \times 2.2A \times 2 = 73.92W$。这里计算选择的是一个常用的值，当然使用更小的电流充电，需要的功率就越小。选择充电器的输出功率时，要满足单通道电池充电所需的功率。

（3）支持的电池串数　常见的穿越机电池串数为 3~6S，选择充电器时要能覆盖电池的串数。

相关知识点 3：电池与充电器使用注意事项

1. 充电

（1）充电电流　充电电流不得超过最大值（一般情况下为 0.5~1.0C 或以下），使用高于推荐的电流充电可能影响电池的充放电性能、力学性能和安全性能，并可能导致发热或泄漏。

（2）充电电压　充电电压不得超过规定的限制电压（4.2V/单体电池），4.25V 为单体充电电压的最高极限。

（3）充电温度　电池必须在规定环境温度范围内进行充电，否则易受损坏。当电池表面温度异常时（指电池表面温度超过 50℃），应立即停止充电。

（4）反向充电　正确连接电池的正负极，严禁反向充电。若正负极接反，将无法充电。

2. 放电

（1）放电电流　放电电流不得超过规定的最大值，过大电流放电会导致容量骤减并导致电池过热膨胀。

（2）放电温度　电池必须在规定的工作温度范围内放电。当电池表面温度超过 70℃时，要暂时停止使用，直到其冷却到室温为止。

（3）过放电　过放电会导致电池损坏，放电时不得使单体电池的电压低于 3.6V。

3. 贮存

电池应放置在阴凉的环境下贮存，长期存放电池时（超过 3 个月），建议置于温度为 10~25℃且低温度无腐蚀性气体的环境中。电池在长期贮存过程中每 3 个月充放电一次以保持活性，并保证每个电芯电压在 3.7 ~ 3.9V 范围内。

任 务 核 验

思考题

1. 请简述充电器充电和放电的作用。

2. 简述充电器的使用步骤。

3. 简述使用充电器的注意事项。

实训任务　使用充电器给无人机动力电池充电

使用充电器给无人机动力电池充电 ┄
- 接上电源并连接电池
- 选择电源类型
- 设置充电参数
- 充电电流
- 放电电流
- 充电

技能目标

1. 了解各种充电器的区别。
2. 掌握充电器的使用方法。
3. 能够使用充电器充电。

任务描述

本项目介绍了无人机系统中充放电系统的重要知识。充电器在日常生活中使用非常普遍，但是无人机充电器的功能却比一般的充电器使用起来复杂很多。无人机充电器的主要作用式为无人机的动力电池充电和放电，能否正确使用它将会直接影响到无人机电池的寿命、效率和安全性。

由于无人机使用的都是高能量的锂聚合物电池，使用不当会造成危险，如爆炸、起火等，所以应选择合适的充电器和合适的充电方法，尽量避免危险发生。

任务实施

1. 任务准备

将工位清理干净，准备好相关器材和工具。将充电器和电池在工位上放置好，确认电池完好。

2. 接上电源并连接电池

接上电源并连接电池。推荐使用 1200W DC 27V 电源，如图 3-4 所示。

图 3-4　接上电源

3. 选择电源类型

该充电器有 Battery（电瓶或充电站）和 DC Power Supply（电源供应器）两种选择，推荐选择后者，如图 3-5 所示。

4. 设置充电参数

推荐选择 HIGH POWER 模式。同时，充电电池数量如果是一块，选择 "NO"，如果是两块，选择 "2P"，最大可选择 "9P"，如图 3-6 所示。

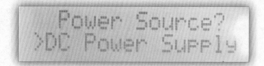

图 3-5　选择电源类型　　　　　　　图 3-6　设置充电参数

5. 充电电流

充电电流为 10.0A，如图 3-7 所示。

6. 放电电流

推荐选择默认值 4.00A，如图 3-8 所示。

图 3-7　充电模式

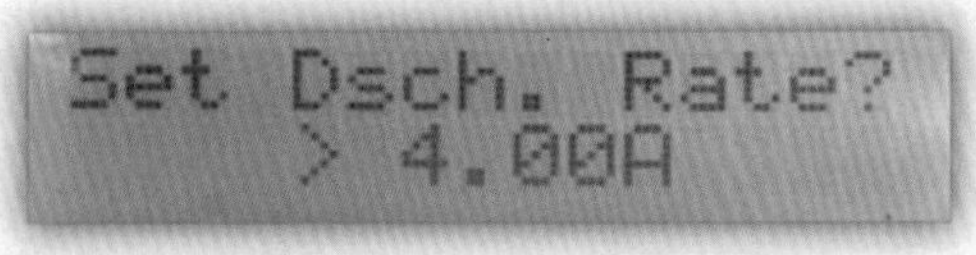

图 3-8　放电电流

7. 充电

充电模式推荐选择"CHARGE ONLY"。

以上步骤执行完成后，按"确认"键，系统进行电池检测，检测正常后，再按"确认"键，开始充电，如图 3-9 所示。

图 3-9　充电

8. 整理工位

整理工位，清点工具，清洁场地。

9. 完成任务报告单

按照本组分析、讨论、归纳的结果完成任务报告单。

━━━━━ 任 务 核 验 ━━━━━

一、思考题

1. 简述充电器的各项功能。

2. 简述充电器使用流程及各步骤。

3. 简述充电器使用中的注意事项。

二、练习

请完成活页式工作手册项目 3 中的实训任务。

项目 4 无人机飞控系统

在无人机系统中，飞控是极为重要的一环。它作为无人机的大脑，收集并处理无人机的各种信息并进行决策，给出行动指令。不同无人机所用的飞控也有所不同，由于不同品牌、类型的无人机飞控之间具有很强的耦合性，所以本项目主要讲解对 PixHawk 飞控的基本认知，以及该飞控系统在多旋翼平台和固定翼平台的安装与调试。

学习任务 1 无人机飞控系统的认知

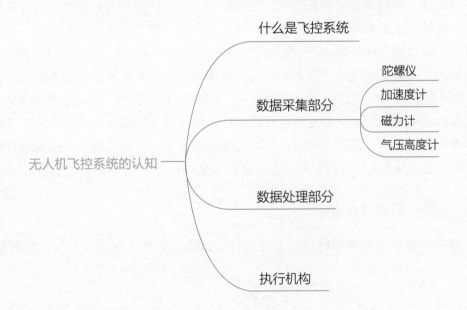

 知识目标

1. 学习飞控系统的组成部分。

2. 掌握飞控系统的基本逻辑。

3. 掌握飞控系统中各部分的作用。

4. 思考飞控系统还可以包含什么东西？

5. 了解 PID 控制的调节原理。

任务描述

无人机飞控系统作为无人机的大脑，它是怎样运作的？为什么能得到无人机的运动信息？在本学习任务中，主要学习无人机的飞控系统中都包含什么东西以及这些东西都是什么。同时，在飞控系统的控制中，还会涉及常用的控制理论——"PID 控制"，在本任务将做一个简单的介绍。

任务学习

相关知识点 1：什么是飞控系统

飞控系统是控制无人机完成起飞、空中飞行、执行任务和返程等整个飞行过程的核心系统，能够自主采集导航传感器数据，自主完成数据融合、系统逻辑处理、飞行控制解算以及在线故障容错处理，从而控制无人机自主或半自主飞行，相当于无人机的大脑。

根据无人机飞控系统的工作原理，飞控系统主要包括数据采集（传感器）、数据处理（飞控计算机）、执行机构（伺服作动设备）3 部分。传感器为飞行提供各种数据信息；飞控计算机负责整个无人机姿态的运算和判断，为任务系统提供高性能的计算机硬件资源和丰富的通信接口；伺服动作设备的作用是根据飞控计算机的指令，按规定的静态和动态要求，通过对无人机各控制舵面或发动机节风门的控制，实现对无人机的飞行控制。

相关知识点 2：数据采集部分

数据采集部分主要由陀螺仪、加速度计、磁力计、气压高度计和超声波传感器等组成。

1. 陀螺仪

陀螺仪主要用来测量无人机在飞行过程中俯仰角、横滚角、偏航角的角速度，并根据角速度积分计算角度的改变，就能把无人机角度的改变转换成数字信息被飞控计算机接收。目前，民用无人机领域，特别是小型、微型无人机大面积应用的陀螺仪是微电子机械陀螺仪（MEMS

陀螺仪原理

Gyroscope）。微电子机械陀螺仪与其他陀螺仪相比，其测量精度较低，但是工艺简单、便于大规模生产、成本较低。在无人机领域，一般都是经过简单封装之后，作为 MEMS 模块芯片集成到飞控机主电路板上，出厂前一般已经完成了安装、调试的工作。开源飞控

图 4-1　MPU 6050

上常用的型号有 MPU 6050 三轴加速度计 / 陀螺仪和 L3GD20 16 位陀螺仪，如图 4-1 所示。

2. 加速度计

加速度计测量的是飞行器某一个方向上的线性加速度。通常情况下，飞行器 3 个自由度方向都需要设置加速度计，而现在一般采用集成的三轴加速度计，即可以同时测量 3 个方向的加速度值，使用非常便利。如果初

加速度计原理

速度已知，就可以通过积分计算出线速度，进而可以计算出直线位移。结合陀螺仪，就可以对物体进行精确定位。这种芯片式的 MEMS 加速度计重量轻、尺寸小，如图 4-2 所示，可以直接嵌入飞控主板上或与陀螺仪一起集成为 IMU（惯性测量单元），多用于消费级无人机和工业级无人机，常用型号为 LSM303D 14 位加速度计。

图 4-2　MEMS 加速度计

3. 磁力计

磁力计也叫地磁、磁感器，可用于测试磁场强度和方向，定位设备的方位。磁力计的原理跟指南针类似，可以测量出当前设备与东南西北 4 个方向上的夹角。在无人机上常常使用 MEMS 磁力计，常用的型号有 LSM303D 14 位磁力计。

磁力计原理

4. 气压高度计

气压高度计是一种利用外界大气压强来测量无人机飞行高度的传感器，在民用无人机领域，一般采用微型气压传感器。无人机常用的微型气压高度计型号为 HP203B，如图 4-3 所示。

因为无人机在超低空飞行时，环境复杂、起飞降落要求精度高，气压高度表的精度不足，所以往往还会采用增加超声波测距传感器的方式，增加无人机在超低空飞行时的高度测量精度。

图 4-3　微型气压高度计

相关知识点 3：数据处理部分

数据处理部分主要指飞控计算机，以及飞控计算机预先存入的该型号无人机飞控控制算法软件。

飞控计算机通过运算控制代码和读取传感器数据来实现对无人机姿态稳定与控制、导航与制导控制、自主飞行控制、自动起飞及着陆控制等功能。在无人机中常用的芯片型号为 168MHz Cortex M4 核心处理器，256KB RAM（随机存取存储器），2MB Flash（闪存）。

相关知识点 4：执行机构

执行机构主要是指遍布无人机各个活动部件的舵机与电调，通过数据总线与飞控计算机连接，形成一个闭合的完整控制回路。

以舵机为例讲解无人机的执行机构。

舵机是指在飞控系统中操纵无人机舵面（操纵面）转动的一种执行部件，通常分为电动舵机和液压舵机。由于电动舵机体积小巧、重量轻，所以成为无人机飞控系统执行机构的首选。

舵机

电动舵机主要由外壳、电路板、驱动电机、减速器与位置检测元件构成，如图 4-4 所示。

其工作原理是：由接收机发出信号给舵机，经由电路板上的 IC（集成电路）驱动无核心电动机开始转动，通过减速齿轮将动力传至摆臂，同时由位置检测器送回信号，判断是否已经到达定位。位置检测器其实就是可变电阻，当舵机转动时电阻值也会随之改变，借由检测电阻值便可知转动的角度。

对于固定翼无人机而言，控制系统通常包括方向、副翼、升降等控制舵面，通过舵机的驱动改变飞机的翼面，产生相应的转矩，控制无人机进行转向、横滚、爬升等动作，所以一个固定翼无人机通常需要安装 3~5 个舵机。如果采用油动活塞发动机，还需要给风门配置舵机，如果还有其他特殊部件（如起落架），则需要额外布置舵机。

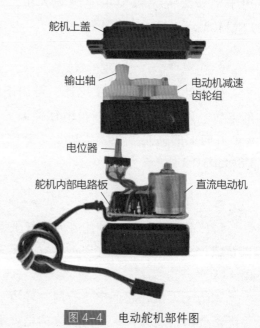

舵机上盖

输出轴

电动机减速齿轮组

电位器

舵机内部电路板

直流电动机

图 4-4　电动舵机部件图

对于大多数多旋翼无人机而言，由于飞行原理与固定翼无人机不同，没有舵面控制，因此很少使用舵机。多旋翼无人机通常通过控制各轴桨叶的转速来控制无人机的姿态，以实现转向、横滚、爬升和俯仰等动作。有些奇数轴多旋翼（如三旋翼无人机）由于不能靠自身电动机的转动抵消反转矩，所以需要在一个轴上增加舵机用来抵消反转矩。同时，有些多旋翼无人机采用了起飞后可折叠的起落架，因此，也需要配置舵机进行驱动。

任 务 核 验

思考题

1. 飞控的数据采集部分还可以有哪些部件？（列举三种）

2. 不同的飞控有什么区别？

3. 简述飞控系统的作用。

学习任务 2　开源飞控的认知

常用的开源飞控

开源飞控的认知 ——└── PixHawk开源飞控的外观与通信接口

知识目标

1. 知道什么是开源飞控。
2. 掌握固件和硬件的区别。
3. 掌握 PixHawk 飞控的接口定义。
4. 自行了解更多的飞控。

任务描述

无人机飞控系统是无人机飞行平台重要的机载设备，能够稳定无人机飞行姿态，控制无人机自主或半自主飞行，是无人机的大脑，这也是无人机与航模区别的主要标志。基于飞控源代码的形式，飞控可分为开源飞控和商业飞控。本任务主要讲解开源飞控的基本结构、组成部分、基本知识。

任务学习

在无人机的学习中，经常会用到两种飞控：开源飞控与商业飞控。开源飞控功能丰富，源代码开放，硬件便宜；商业飞控操作简单，功能稳定。两种飞控虽各有优缺点，但控制无人机的方式与基本逻辑相同。学习开源飞控更有利于对飞控进行深一步的认知，所以在此以使用了 APM 固件的 PixHawk 开源飞控为例，介绍相关知识。

相关知识点 1：常用的开源飞控

开源飞控的发展可分为三个阶段，第一个阶段的开源飞控系统使用 Arduino 或其他类似的开源电子平台，以之为基础，扩展连接各种 MEMS 传感器，其主要特点是模块化和可扩展能力。

第二个阶段的开源飞控系统大多拥有了自己的开源硬件，采用全集成的硬件架构，使用数字三轴 MEMS 传感器组成的 IMU，能够控制飞行器完成自主航线飞行，能加装电台与地面站进行通信，能支持多种无人设备，能以多种模式飞行，它们集成度高、可靠性高，已经接近商业自动驾驶仪标准，如图 4-5 所示。

a）APM飞控　　　　b）Pix飞控

图 4-5　开源飞控

第三个阶段的开源飞控系统将会在软件和人工智能方面进行革新。它将加入集群飞行、图像识别、自主避障和自动跟踪飞行等高级飞行功能，向机器视觉、集群化、开发过程平台化的方向发展。随着科技的不断发展，我们也在期待着第三阶段开源飞控的到来。

常用的开源飞控见表 4-1。

表 4-1　常用的开源飞控

机型	开源飞控名称
多旋翼	APM、PixHawk、KK、F4、CC3D、MWC
固定翼	APM、PixHawk、KK、PPZ

相关知识点 2：PixHawk 开源飞控的外观与通信接口

无人机飞控种类虽多，但由于工作原理相通，设备的接口也是大同小异，下面以一种 PixHawk 开源飞控为例（见图 4-6~ 图 4-8），说明各接口定义。

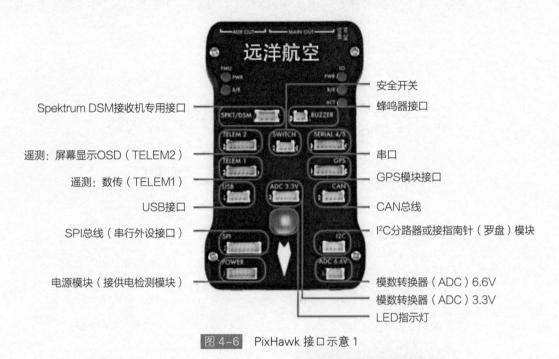

Spektrum DSM接收机专用接口

遥测：屏幕显示OSD（TELEM2）

遥测：数传（TELEM1）

USB接口

SPI总线（串行外设接口）

电源模块（接供电检测模块）

安全开关

蜂鸣器接口

串口

GPS模块接口

CAN总线

I²C分路器或接指南针（罗盘）模块

模数转换器（ADC）6.6V

模数转换器（ADC）3.3V

LED指示灯

图 4-6　PixHawk 接口示意 1

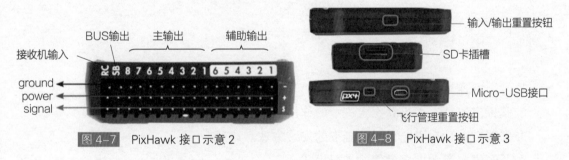

BUS输出　主输出　辅助输出

接收机输入

ground
power
signal

输入/输出重置按钮

SD卡插槽

Micro-USB接口

飞行管理重置按钮

图 4-7　PixHawk 接口示意 2　　　　图 4-8　PixHawk 接口示意 3

任 务 核 验

思考题

1. 开源飞控有哪些种类？都有什么异同？

2. PX4 飞控是什么样的？固件和硬件都是什么？

3. 有一个光流装置，应该怎样与飞控连接？

学习任务 3　空速计与飞行模式的认知

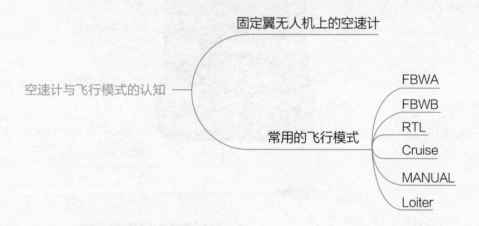

 **知识目标**

1. 学习空速计的原理。
2. 掌握空速计在固定翼无人机上的作用。
3. 掌握空速计在固定翼无人机上的安装方法。
4. 了解固定翼无人机常用的飞行模式。

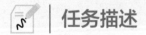 **任务描述**

　　前面已经学过了 PixHawk 飞控在多旋翼无人机上的应用，由于多旋翼无人机和固定翼无人机飞行时所需要的数据有一些区别，所以在本任务将学习固定翼无人机特有的数据采集部件——空速计的原理和作用。

任务学习

相关知识点 1: 固定翼无人机上的空速计

在整个飞控系统的硬件中，固定翼无人机特有的空速计，是区别于多旋翼无人机重要的一点。多旋翼无人机主要依靠多个旋翼带来的升力进行飞行，而固定翼无人机依靠机翼带来的升力进行飞行。当固定翼无人机运动时，与无人机相对的气流流过机翼上下表面导致的流速不一致产生的压力差形成升力。因此，得到固定翼无人机飞行时相对于空气的速度至关重要，通常采用安装空速计来测量这一速度。

常用的空速计一般由金属的空速管、硅胶的皮托管、空速计和相应的 I²C 数据线 4 部分组成，如 4-9 所示。

一般情况下，把空速管安装在机头方向，需要将管子顶部穿过机头，如图 4-10 所示，使金属空速管完全接触到气流，并且要注意空速管侧面的孔没有被堵塞，这些孔距离机头至少伸出 1cm。然后将硅胶的皮托管连接到空速传感器上，并在无人机内部固定好，不要弯折，以免影响管内气流流动。如果固定翼无人机机头有螺旋桨，则将空速管装在机翼中部以外的前缘位置即可，防止受到螺旋桨气流的干扰。

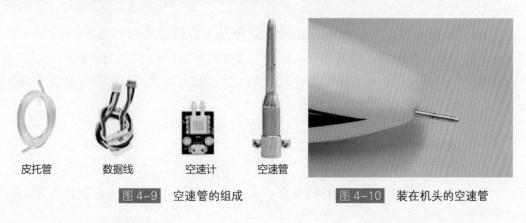

皮托管　　数据线　　空速计　　空速管

图 4-9　空速管的组成　　　　图 4-10　装在机头的空速管

相关知识点 2: 常用的飞行模式

在开源飞控中内置的固定翼无人机飞行模式有很多，最常用的有以下 6 种飞行模式。

1. FBWA（线性 A 增稳模式）

这是在固定翼无人机上最受欢迎的辅助飞行模式，也是新手练习的最佳模式。在这种模式下，固定翼无人机将保持由控制杆指定的横滚和俯仰。因此，如果拨动副翼杆，则无人机保持指定的侧倾限制 "LIM_ROLL_CD"（以厘米为单位）和纵倾限制 "LIM_PITCH_MAX/ LIM_PITCH_MIN"。需要注意的是控制水平不意味着能控制高度，主要是由飞行速度（油门）控制，如果想要保持高度，需要用 FBWB 模式。

FBWA 油门是手动控制，输出量范围由"THR_MIN""THR_MAX"限制。

在 FBWA 模式下，方向舵控制是手动和飞控协调混控。

2. FBWB（线性 B 增稳、定高模式）

类似于 FBWA，但能够定高。侧倾和俯仰同 FBWA 模式，并利用油门控制速度。俯仰摇杆变化就会改变高度，放开后飞控试图保持当前的高度。多大的水平角反应依赖于"FBWB_CLIMB_RATE"参数，默认为 2m/s。"FBWB_ELEV_REV"参数的默认值是向后拉摇杆使无人机攀升。如果设置为"1"，则动作会相反。如果装了空速计，调整空速范围"ARSPD_FBW_MIN"到"ARSPD_FBW_MAX"，即当油门最低时无人机将尝试在"ARSPD_FBW_MIN"飞行，最高时它会尝试在"ARSPD_FBW_MAX"飞行。

如果没有空速计，油门将调整输出量以达到所需定高要求。油门杆放置位置如果大过计算要求所需的值，会导致无人机飞得更快，方向舵的控制跟 FBWA 一样，是协调混控。

3. RTL（自动返航模式）

在 RTL 模式下，无人机将返回 HOME 点位置（假设它具有 GPS 加载的无人机的起飞点），并在那里停留，直到被人工接管（或者燃料用尽！）。与 AUTO 模式一样，您也可以使用摇杆与飞控自主控制混合控制无人机。RTL 模式的目标高度是使用以厘米为单位的"ALT_HOLD_RTL"参数设置的。

4. Cruise（巡航模式）

巡航模式有点像"FLY BY WIRE_B"（FBWB），但它有"航向锁定"。这是远距离 FPV（第一人称主视角）飞行的理想模式，可以将飞机指向远处的物体，并准确地跟踪该物体，自动控制高度、速度和航向。

5. MANUAL（手动模式）

人工持 RC（无线电遥控器）直接控制无人机，飞控不做控制信号处理，所有的RC 输入信号直接传送到输出端。

6. Loiter（定点模式）

无人机启动 Loiter 模式开始定点绕圈圈飞行，半径根据"WP_LOITER_RAD"参数确定，并且被"NAV_ROLL_CD"参数限制，及受到"NAVL1_PERIOD"影响。与RTL 和巡航模式一样，可以使用遥控器与飞控自主控制混控来操作无人机。在固定翼无人机里，常使用这个模式，也称为盘旋模式。

■■■■■■ 任 务 核 验 ■■■■■■

思考题

1. 固定翼无人机是否必须安装空速计才能飞行?

2. 空速计共有多少种?

3. 列举三种固定翼无人机常用的飞行模式。

实训任务 1 多旋翼无人机开源飞控的安装与调试

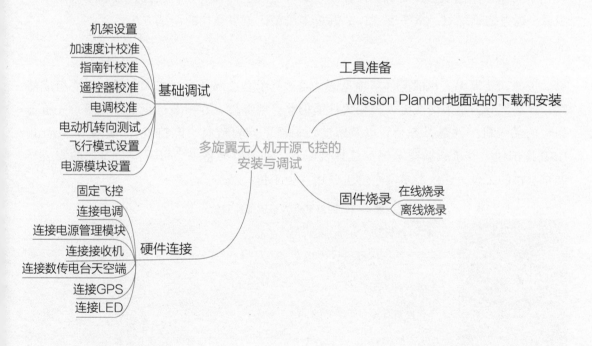

🎯 技能目标

1. 掌握多旋翼无人机开源飞控的安装方法。
2. 掌握开源飞控的固件烧录方法。

3. 掌握多旋翼无人机各硬件之间的连接方法。

4. 掌握多旋翼无人机的开源飞控调试方法。

5. 能自行安装和调试一架多旋翼无人机。

任务描述

　　开源飞控根据所安装平台的不同，所采用的传感器、固件等都会有所不同。本任务将以 380 四旋翼无人机平台为例，讲解开源飞控在多旋翼无人机上的安装与调试，旨在让学生了解飞控的安装与调试共有哪些步骤，需要怎么操作。本任务只讲解飞控的基本调试与 PID 调参，由于使用的是开源飞控，虽大多数飞控原理相通，操作相同，但界面和步骤上可能有所差异，希望学生可以自行学习，一通百通。

任务实施

　　本实训任务包含工具准备、地面站下载和安装、固件烧录、硬件连接和基础调试等步骤。通过实训练习，举一反三，掌握更多机型、更多飞控的调试方法。

1. 工具准备

　　一架四旋翼无人机的配件清单见表 4-2，其中必选部分为一架无人机的必要组成部件，可选部分为用来增强无人机相关性能的非必要部件。在组装过程中，需要事先检查相应的无人机配件是否齐全，以及组装所需要的螺钉旋具、螺钉胶、3M 胶和 Micro-USB 调试线（安卓数据线）等工具是否配备，并需要准备一个可以进行飞控的安装与调试工作的工位，建议最多两个学生共用一个工位。

表 4-2　四旋翼无人机的配件清单

硬件	380 四轴机架 ×1（必选）
	电动机（2212 980KV）×4（必选）
	无刷电调（20A）×4（必选）
	飞行控制器（如远洋 Z1）×1（必选）
	GPS（如 M8N）×1（必选）
	电流管理模块 ×1（必选）
	无线数传（如 X-ROCK V3）×1 对（必选）
	动力电池（3S 11.1V 3300mA·h 25C）×1（必选）

（续）

硬件	RC 遥控器和 RC 接收机 ×1 对（必选）
	无刷云台和相机（可选）
	超声波传感器（可选）
	光流定位传感器（可选）
	Win10 系统计算机一台（必选）
软件	Misson Planner 地面站（必选）
工具	螺钉旋具、螺钉胶、3M 胶、Micro-USB 调试线（安卓数据线）等

2. Mission Planner 地面站的下载与安装

地面站的安装是进行调试步骤的前提，要保证计算机上有可用的 Mission Planner 地面站软件。首先要知道在哪里能下载到安全可靠的 Mission Planner（MP）地面站软件，并了解怎样安装它。

1）找到并打开 ArduPilot 官网，在上方"DOWNLOADS"选项里选择"Mission Planner"，如图 4-11 所示。

2）选择最新版本的 Mission Planner 软件压缩包进行下载，如图 4-12 所示。

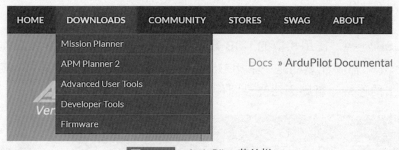

图 4-11　ArduPilot 菜单栏

MissionPlanner-1.3.74.msi	Tue Sep 15 07:41:14 2020	103900083
MissionPlanner-1.3.74.zip	Tue Sep 15 07:36:18 2020	104524111
MissionPlanner-latest.msi	Tue Sep 15 07:41:14 2020	103900083
MissionPlanner-latest.zip	Tue Sep 15 07:36:18 2020	104524111
MissionPlanner-stable.msi	Tue Sep 15 07:41:14 2020	103900083
MissionPlanner-stable.zip	Tue Sep 15 07:36:18 2020	104524111

图 4-12　Mission Planner 软件

3）打开安装程序文件，然后双击运行安装程序。

4）安装地面站的时候，会自动安装驱动。

5）一直单击"Next"下一步，采用默认安装即可。

6）如果提示安装驱动，选择仍然安装此驱动，如图 4-13 所示。

图 4-13　程序安装和驱动选择

7）Mission Planner 通常安装在 "C:\ Program Files（x86）\ APM Planner" 文件夹或 "C:\ Program Files \ APM Planner" 文件夹中。日志文件文件夹也会在这个安装目录中。

8）Mission Planner 启动的时候会自动检测新版本（当它连接到 Internet 时）。为了保证地面站与固件的兼容性，请始终运行最新版本的 Mission Planner。

3. 固件烧录

对于不同的机型有不同的固件所对应，如图 4-14 所示。选择四旋翼无人机的固件进行烧录，烧录成功后可在地面站软件版本号后看到相应的固件号。

烧录固件需要先把飞控与地面站连接起来，常用的连接方法根据连接方式的不同，分为 USB 连接和数传连接。

（1）USB 连接　使用相应的 USB 数据线，利用飞控上的 USB 接口连接地面站，如图 4-15 所示。需要注意的是，采用 USB 连接飞控烧录固件时不能进行 COM 口（串行通信端口）的连接，否则无法烧录固件。

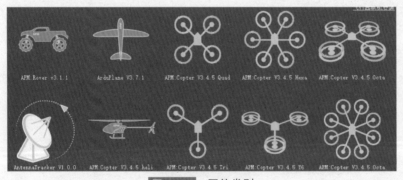

图 4-14　固件类别

图 4-15　USB 连接

（2）数传连接　数传连接，实际也是通过 USB 连接，把数传的地面端通过 USB 数据线和地面站连接，数传的天空端与飞控连接并给飞控供电，如图 4-16 所示，在地面站上选择相应的飞控 COM 号，波特率一般选择 "57600"，单击连接，如图 4-17。

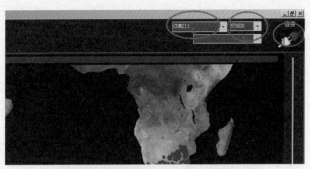

图 4-16　数传连接飞控　　　　图 4-17　端口、波特率选择

连接好飞控之后我们可以选择两种烧录方式。第一种为在线烧录，将飞控接入计算机，打开地面站，单击初始设置→界面→安装固件→选择需要的固件类型→等待烧录完成，如图 4-18 所示。

如果地面站没有显示固件版本号，可能是网络故障或地面站版本问题；如果在线烧录失败，请选择加载自定义固件（即本地烧录）；如果固件烧录状态栏下方一直停在"scanning comports/conecting"进度条没有变化，可重新拔插一下飞控。

第二种为离线烧录，需要事先下载固件到本地或编译硬件对应版本固件，然后选择加载自定义固件→选择下载的固件→等待烧录完成，如图 4-19 所示。

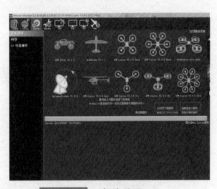

图 4-18　在线烧录　　　　图 4-19　离线烧录

4. 硬件连接

（1）固定飞控　在固定飞控之前，应该把其他部件固定完毕，布局应合理，保证信号线能插在飞控上。安装飞控时应把飞控上的箭头指向无人机正前方，如果需要反向安装，需要在调参软件内调整飞控安装方向，并且飞控应尽量安装在无人机的重心所在位置。

（2）连接电调　市面上常见的 PixHawk 飞控 PWM（脉冲宽度调制）端口顺序从"MAIN OUT M/S1"算起，一直到"Aux OUT/CAP"接口，把电调按顺序连接到 M1~M4 接口上，如图 4-20 所示。

要注意无人机的电动机顺序，一般无人机上会有标注，未标注的按照右前方为 1 号电动机，左后方为 2 号电动机，左前方为 3 号电动机，右后方为 4 号电动机进行连接，顺序如图 4-21 所示。

图 4-20　电调连接

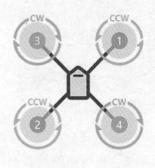

图 4-21　电动机顺序

（3）连接电源管理模块　电源管理模块主要用来提供 5.2V 电压输出及最大 3A 电流给飞控供电，检测当前电压和电流信号给飞控。需要把电源管理模块的两根粗线焊接在分电板上，然后把飞控连接线插在飞控的 POWER1 口位置，如图 4-22 所示。

（4）连接接收机　接收机用来接收地面遥控器发射的控制信号。首先，要确定接收机所用的信号制式是 SBUS（串行通信协议）还是 PPM（脉冲位置调制），又或者是 PWM 信号。然后，用信号线连接飞控和接收机，分别插在相应的信号接口位置上，如图 4-23 所示。

图 4-22　电源管理模块连接

图 4-23　接收机连接

（5）连接数传电台天空端　数传模块分为天空端与地面端：天空端安装在无人机上，与飞控连接；地面端与计算机连接或内置在地面站硬件中，主要用来进行无人机与地面设备的数据传输，是一个双向链路。把天空端的信号线插在飞控上的 TELEM1 接口上，如图 4-24 所示。

（6）连接 GPS　GPS 是无人机很重要的一个组件，主要用来为无人机提供位置、高度、速度等信息。连接 GPS 时，要注意 GPS 的指向，箭头应指向机头方向，固定牢固，然后把连接线插在飞控的 GPS 接口处，如图 4-25 所示。

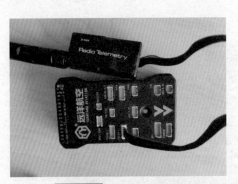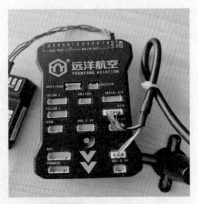

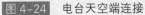 图 4-24　电台天空端连接 　　图 4-25　GPS 连接

（7）连接 LED　LED 模块通过颜色的变换可以指示机头机尾方向和飞控当前控制模式，一般把 LED 安装在无人机尾部，固定牢固，把 LED 的连接线插在飞控上的 LED 插口上，如图 4-26 所示。

图 4-26　LED 连接

5. 基础调试

调试共分为机架设置、加速度计校准、指南针校准、遥控器校准、电调校准、电动机转向测试、飞行模式设置和电源模块设置 8 个环节，其中除电调校准环节外，均为不通动力电调试，请确保无人机只有飞控通电，以防发生危险。调试过程请按照环节顺序依次进行。

（1）机架设置　需要把飞控与地面站连接起来，然后在"初始设置"界面中单击必要硬件，接下来的调试过程也是在此界面进行。设置时要根据无人机的实际类型选择相对应的机架类型，不同的机架类型所对应的飞控控制参数是不同的，应谨慎选择。本环节里使用的是 X 形布局的四旋翼无人机，选中相对应的机架类型即可，如图 4-27 所示。如果使用其他机型，请对应进行选择。

此外还有第二种设置机架类型的方法：打开"配置模式"界面里的"全部参数表"

页面，找到"FRAME_CLASS""FRAME_TYPE"参数，看右边注释修改成合适的框架类型和机架类型。

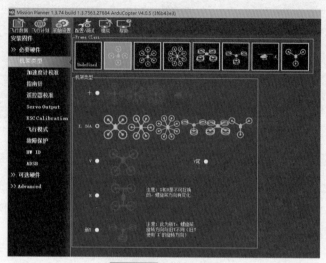

图 4-27　机架设置

（2）加速度计校准　单击选中"加速度计校准"，会显示加速度计校准页面，如图 4-28 所示，共分为两个部分，上半部分为六轴（3D）加速计校准，下半部分为加速计中位/水平校准。

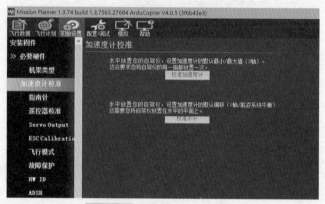

图 4-28　加速度计校准页面

1）单击"校准加速度计"，此时会出现图 4-29 所示字样，请把飞控正面朝上放置稳定后，单击"完成时点击"按钮，在每个步骤中单击该按钮时，无人机必须保持静止。如果无人机的尺寸较大，不方便放置，则可以在装机前校准。

2）把飞控沿机头指示方向左面朝下放置稳定后，单击"完成时点击"按钮，如图 4-30 所示。

3）把飞控沿机头指示方向右面朝下放置稳定后，单击"完成时点击"按钮，如图 4-31 所示。

4）把飞控沿机头指示方向朝下放置稳定后，单击"完成时点击"按钮，如图4-32所示。

图 4-29　加速度计正面校准

图 4-30　加速度计左面校准

图 4-31　加速度计右面校准

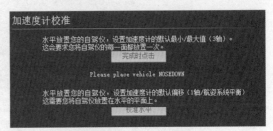

图 4-32　加速度计下面校准

5）把飞控沿机头指示方向朝上放置稳定后，单击"完成时点击"按钮，如图4-33所示。

6）把飞控背面朝上放置稳定后，单击"完成时点击"按钮，如图4-34所示。

图 4-33　加速度计上面校准

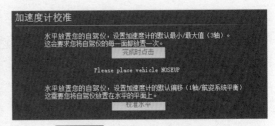

图 4-34　加速度计背面校准

以上步骤完成后，界面如图4-35所示，则代表加速度计校准完成。

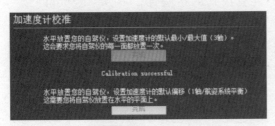

图 4-35　校准完成界面

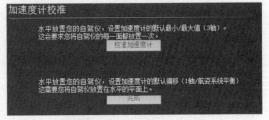

图 4-36　水平校准完成

加速度计水平校准，保持正确的水平位置是很重要的，因为这是无人机飞行时的水平参考，所以必须进行水平校准。单击下半部分"校准水平"按钮，飞控将进入初始化状态，此时 LED 快速闪烁，当按钮变成"完成"时水平校准完成，如图 4-36 所示。加速度计校准完成后，建议重新通电，不然可能出现一些异常的报错。

（3）指南针校准　指南针校准也称罗盘校准，单击"指南针校准"进入校准界面，把该界面分为 3 个部分，如图 4-37 所示。

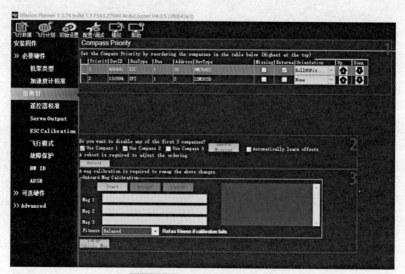

图 4-37　指南针校准界面

第 1 部分主要显示指南针的 ID、型号等，并设置指南针的优先级。PixHawk 飞控允许连接多个指南针，但一次最多只能使用 3 个。通常仅使用主罗盘，除非其读数与其他罗盘或其他传感器存在一致性问题。在这种情况下，自动驾驶仪将自动确定要使用的前三个指南针中的哪一个。当有多个指南针时，需要设置指南针的排序，告诉飞控以哪个指南针为主，优先读取数据，可以在尾部"Up""Down"选项上进行调整。同时，"Missing"显示该指南针是否有轴缺失；"Externa"显示该指南针是否为外置指南针；"Orientation"显示该指南针的初始方向，在飞控内置指南针里不选择。

第 2 部分主要为指南针选择区域，需要选择使用三个指南针位置中的哪一个，一般为全选。"Automatically Learn Offsets"选项为是否打开自动学习偏移量功能，一般不用开启；"Remove Missing"按钮为删除没有找到的指南针；下方"Reboot"按钮为飞控重启按钮，需要重启飞控时可直接单击，飞控则重启。

第 3 部分主要为校准区域，"Start"按钮为开始校准按钮；"Accept"为暂停校准按钮，如果暂停校准后再次单击"Start"按钮，将会重新开始校准指南针；"Cancel"按钮为退出校准；下方"Fitness"选项里可以对指南针校准宽容度进行选择，分别为"Very Strict"（非常严格的）"Strict"（严格的）"Default"（默认的）"Relaxed"（宽松的）。右侧为校准显示界面，主要显示校准进度和校准结果。"Large Vehicle Mag"为大型车辆航向输入，无人机上不用设置。

校准指南针时请远离金属和任何会产生磁场的物体（如计算机、手机、金属桌、电源等），否则可能会导致校准异常。

单击"Start"按钮，如果飞控上装有蜂鸣器，会听到一声提示音，然后每秒发出一声短促的"哔哔"声，将无人机提起并向不同方向旋转，以使其每一侧（前、后、左、右、顶部和底部）向下指向地面几秒钟，如图 4-38 所示。当无人机旋转时，会有绿色指示条开始向右延伸，右侧框内还会显示校准进度，如图 4-39 所示。当绿色指示条满格后，发出三声提示音，提示校准完成，并显示"请重启飞控"窗口，如图 4-40 所示。单击"OK"按钮后，查看右侧框内指南针的校准情况，如果各轴偏移量的绝对值小于 400，代表良好，如果小于 600 尚可接受，如果大于 600，请检查周围是否有磁场干扰，换地方重新校准指南针，或更换指南针。校准完成后，单击"Remove"按钮，重启飞控。

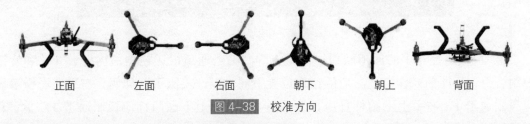

正面　　　　左面　　　　右面　　　　朝下　　　　朝上　　　　背面

图 4-38　校准方向

图 4-39　校准中

图 4-40　校准完成提示窗口

（4）遥控器校准　遥控器校准是为了捕获每个 RC 输入通道的最小值、最大值和中位值，以便飞控可以对遥控器的输入值做出正确反应。想要控制一架多旋翼无人机至少需要 5 个控制通道（默认 1 横滚、2 俯仰、3 油门、4 方向、5 模式切换），遥控器上其他的通道可以选择定义通道连接其他设备或者闲置不用。

在进行遥控器校准之前，首先要确保无人机电动机没有通电，因为校准过程中很可能会触发解锁导致电动机旋转，从而发生危险。然后查看接收机是否安装正确，并亮起指示灯，打开遥控器，保证 4 个遥杆都处在中立位置，若遥杆不是自动回中形式，需手动将遥杆放置在中立位置。遥控器校准共需要四步。

1）选择遥控器校准，这时屏幕上会出现一些绿色的条，如图 4-41 所示，表示飞控正在接收来自发送器 / 接收器的输入。如果没有条出现，请检查飞控与遥控器的连接以及遥控器与接收机的通信。移动遥杆、旋钮和开关并观察绿色的条是否移动，正确变化应为遥杆、旋钮和开关朝哪个方向动，绿色的条同向运动。反之，可以在遥控器中设置通道反向进行修正，或者在全部参数表里修改"RCx_REVERSED"参数（其中"x"是输入通道从1到4）来反转通道。

注意：如果遥控器接收机指示灯不亮，可能正负极反向，可以尝试倒置插入连接器；如果遥控器和接收机未进行过对频，需要参阅遥控器手册进行对频。

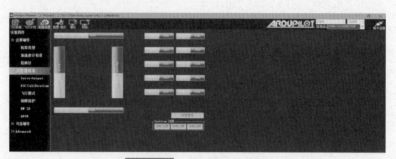

图4-41 遥控器校准界面

2）检查遥控器中的通道映射，即检查哪些输入通道由遥控器的摇杆、开关和旋钮控制。由于不同的操作模式对应的通道位置不同，以"美国手"为例，右手左右横滚杆应控制通道1，右手上下俯仰杆应控制通道2，左手上下油门杆应控制通道3，左手左右偏航杆应控制通道4，飞行模式开关应控制通道5，其余开关可自己定义。

3）单击"校准遥控"按钮，会出现图4-42所示窗口，此时再次确保遥控器已开启，接收器通电并且连接好了，无人机电动机没有通电，单击"OK"按钮，出现图4-43所示窗口，提示单击"OK"按钮之后，移动所有的杆、开关和旋钮达到极限位置，使红色的指示条达到极限，此时红色指示条所在位置就是遥控器的最大和最小行程量。

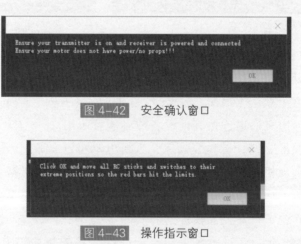

图4-42 安全确认窗口

图4-43 操作指示窗口

4）单击"完成后点击"按钮，此时出现图4-44所示窗口，提示"确保所有操纵杆居中，油门向下，然后单击确定以继续"，此时将油门杆下拉到底，其他操纵杆居中，然后单击"OK"按钮。接下来显示出各个通道的行程量以及标准行程量和未校准的通道行程量，如图4-45所示，正常值的最小值约为1100，最大值约为1900，可以有所浮动，但不能过高和过低，如果想要更改遥控器的行程，可以在遥控器的行程量中进行更改，确认无误后，单击"OK"按钮。

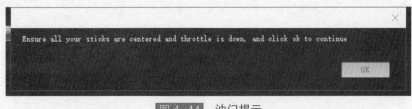

图 4-44 油门提示

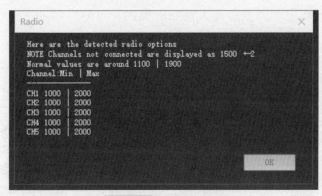

图 4-45 通道行程量

（5）电调校准 进行电调校准之前，必须拆除螺旋桨，并且确保电调装好，三根粗线连接电动机，两根细线连接电源模块，信号线连接飞控，确认遥控通道没有反向。电调校准共分七步。

1）打开遥控器，将油门推到最大，直到步骤5）。

2）飞行器插上电池，解开安全开关，此时 PixHawk 状态灯应该是红色、蓝色、黄色循环闪烁，进入电调校准程序。

3）拔掉电池，然后重新插入电池，三色灯会继续闪烁，马上长按安全开关进行解锁，数秒后，安全开关常亮后松手。

4）等待电调发出声音，常规的"哔哔"声响说明电池数量（例如3S响三声，4S响4声），然后接着会有两声，说明最大油门被识别。

5）将遥控器油门打到最低值，此时，电动机应该会发出长响，说明最低油门也被识别和记录。

6）接着尝试推油门，看看是否全部电动机都可以正确转起来，而且是同步的，如果是，说明校准完成。

7）油门保持最低，断开电池，完成校准过程。

（6）电动机转向测试 当进行了遥控器校准和电调校准之后，此时电动机已经可以由遥控器控制了，需要电动机以一个低转速转动起来，要注意电动机上一定不能安装螺旋桨，以免造成危险。当电动机转动起来后，观察每个电动机的转动方向是否如图 4-21 所示。如果转动方向不一致，请拔掉电调与电动机三根连线中的两根，将它们互换即可，电动机就会反向旋转。确保每个电动机转向正常后，无人机才能在调试完成后正常飞行。

如果是其他型号的多旋翼无人机，请根据无人机上的转向标识进行确认，或根据电动机的螺纹确认正确转向。在上述条件都不具备的情况下，可根据左前方的电动机为顺时针转向来确定。

（7）飞行模式设置　单击"飞行模式设置"按钮就进入了飞行模式设置界面，如图 4-46 所示，在界面中可以查看无人机当前模式、当前控制飞行模式的通道，定义需要用的飞行模式，设置简单和超简单模式。

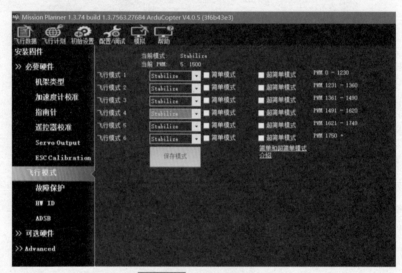

图 4-46　飞行模式界面

在这里最多可设置 6 种飞行模式，模式的切换根据 PWM 高电平不同的持续时间进行分别控制，在实际使用时可设置由两个开关控制 6 个通道，这就需要使用具有混控功能的遥控器。在多旋翼无人机里一般只设置自稳（Stabilize）、定高（Althold）、定点（Loiter）3 个模式，拨动遥控器通道 5（多旋翼无人机默认通道 5 控制飞行模式）的三段式开关，看每一个档位对应的模式位置，可以下拉选择该位置的飞行模式，然后单击"保存模式"按钮。

（8）电源模块设置　电源模块也称为 PMU（电源管理模块），它可以监测无人机电池的电流和电压数据并发送给飞控，同时也能为无人机上的用电设备合理分配电流。无人机可根据电流模块的数据判断其当前状态下的电流、电压变化，是否需要返航，以防止因为动力丢失导致炸机。

在"可选硬件"里找到"电池监测器"选项，单击进入电池监测器设置界面，如图4-47所示。

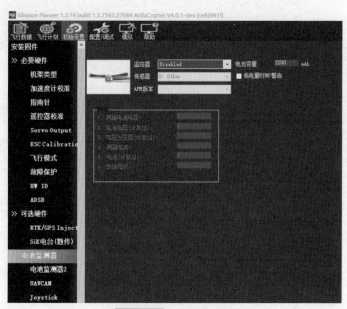

图 4-47　电池监测器

在进行电池监测器校准之前，需要先进行一些基础设置。打开"监控器"选项选择第三项"Analog Voltage and Current"（电流和电压监测），如图 4-48 所示。然后单击"传感器"选项，默认选择第一个选项"Other"（其他传感器），如图 4-49 所示。如果使用了列表里存在的传感器，可以直接选择相匹配的型号。

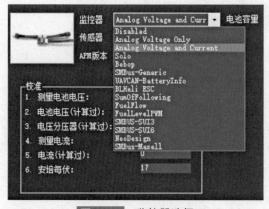

图 4-48　监控器选择

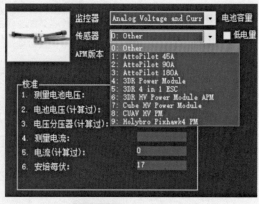

图 4-49　传感器选择

还要设置所使用的飞控版本，因为本任务使用的是 PixHawk 版本的飞控，所以在"APM 版本"选项里选择第一项即可，如图 4-50 所示。如果使用其他版本的飞控，请根据实际情况进行选择。

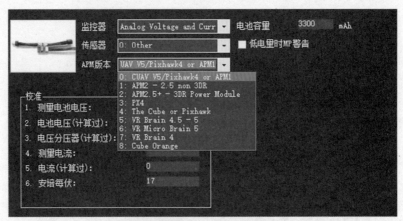

图 4-50　APM 版本选择

　　最后还要设置无人机所用电池的容量，可以直接在"电池容量"框内输入所用电池的容量大小，如 3300mA·h。此外，可以选择在电池低电量的情况下，是否需要在地面站上显示警告。

　　设置完这些选项后，需要在下方校准界面里输入电压分压比"18"和安倍每伏"24"，如图 4-51 所示。

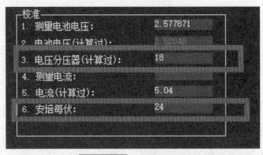

图 4-51　校准界面

　　以上步骤完成后，进行电压校准。校准电压步骤如下：

　　1）使用电池给无人机供电，然后连接地面站。

　　2）使用万用表或者便携电压测量器（BB 响）测量当前电池电压。

　　3）选择传感器版本为"0"，在测量电池电压处输入当前测量值，随便单击鼠标或者按一下"TAB"键，地面站会自动计算一个分压比系数并自动保存写入飞控。

　　4）校准完成。电流无须校准。

　　以上环节全部完成后，无人机飞控的基本调试就完成了，此时关于无人机的基础设置已经完成，只需要把无人机上的各个硬件进行最后的固定，即可试飞。

　　特别强调的是，虽然对无人机飞控进行了完整的连接与调试，但是在实际的试飞操作中依然不能掉以轻心，因为依赖于各种传感器的无人机很容易出现不可预知的风险，在试飞中，还需要把安全放在第一位。

任 务 核 验

一、思考题

1. 固件烧录有几种方法？除了 USB 连接烧录，还有其他连接方式吗？

2. 大疆无人机飞控都有哪些飞行模式？

3. 开源飞控最多可支持几个 GPS？能同时用吗？

4. 你认为多旋翼飞控调试还应该调节哪些东西？

二、练习

请完成活页式工作手册项目 4 中的实训任务 1。

实训任务 2　固定翼无人机开源飞控的安装与调试

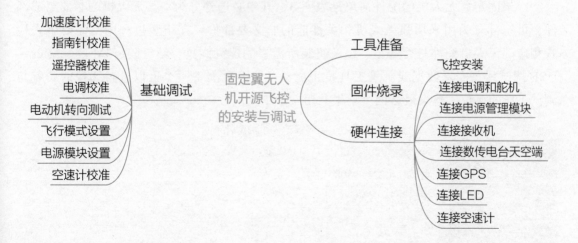

技能目标

1. 掌握固定翼无人机飞控系统的组成部分。
2. 掌握固定翼无人机飞控系统的安装。
3. 掌握固定翼无人机飞控系统的基础调试和高级调试。
4. 能自行安装与调试固定翼无人机飞控系统。

 任务描述

上个学习任务介绍了关于多旋翼开源飞控的安装与调试，这让学生对于无人机飞控的调试已经有了一定的了解。相对于多旋翼无人机来说，固定翼无人机在操控上相对较难，在飞控的调试上与多旋翼无人机基本相似，只是一般多旋翼无人机飞控连接电调来控制电动机转速的变化从而控制无人机运动，而固定翼无人机更多的是通过控制舵机来控制无人机的运动变化。

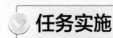 任务实施

本实训任务主要以固定翼无人机为例，讲解其飞控的安装与调试，包含工具准备、固件烧录、硬件连接、基础调试等步骤。通过实训练习，举一反三，掌握更多机型、更多飞控的调试方法。

1. 工具准备

一架固定翼无人机的配件清单见表 4-3，其中必选部分为一架无人机的必要组成部件，可选部分为用来增强无人机相关性能的非必要部件。在组装过程中，需要事先检查相应的无人机配件是否齐全，以及组装所需要的螺钉旋具、螺钉胶、3M 胶、Micro-USB 调试线（安卓数据线）等工具是否配备，并需要准备一个可以进行飞控的安装与调试工作的工位，建议最多两个学生共用一个工位。

表 4-3　固定翼无人机的配件清单

	X8 固定翼无人机机身 ×1（必选）
	电动机（2212 980KV）×1（必选）
硬件	无刷电调（20A）×1（必选）
	飞行控制器（如远洋 Z1）×1（必选）
	GPS（如 M8N）×1（必选）

（续）

	电流管理模块 ×1（必选）
	无线数传（如 X-ROCK V3）×1 对（必选）
	动力电池（3S 11.1V 3300mA·h 25C）×1（必选）
硬件	RC 遥控器和 RC 接收机 ×1 对（必选）
	银燕 18G 数字舵机 ×4（必选）
	空速计 ×1（必选）
	超声波传感器 ×1（可选）
	Win10 系统计算机一台（必选）
软件	Misson Planner 地面站（必选）
工具	螺钉旋具、螺钉胶、3M 胶、Micro–USB 调试线（安卓数据线）等

2. 固件烧录

使用 USB 或数传连接飞控，此时不需要进行与地面站的连接，否则无法烧录固件。在"初始设置"中的"安装固件"界面单击"固定翼固件"选项，会出现图 4-52 所示界面，需要确认是否升级为该固件版本，单击"YES"按钮。

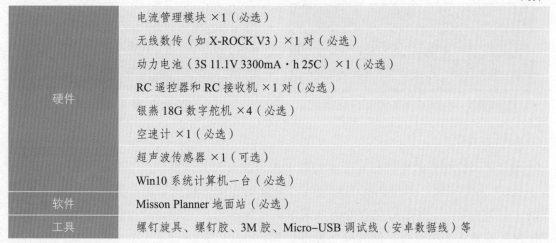

图 4-52　固件确认界面

在弹出的窗口选择所使用的飞控平台，如图 4-53 所示，一般会自动识别，并在下方设置想要下载的固件地址，在联网烧录中无须设置，可直接单击"Upload Firmware"按钮，开始烧录固件。

在烧录完成后，会出现图 4-54 所示窗口，此时断开与飞控的连接，单击"OK"按钮，并在 30s 内重新连接，等待 MP 地面站自动加载飞控固件即可，固定翼无人机飞控固件烧录即完成。

图 4-53　飞控平台选择和固件烧录地址　　　　图 4-54　重新加载固件

3. 硬件连接

固定翼飞控硬件的连接相对于多旋翼无人机没有很大区别。

（1）飞控安装　固定翼的飞控也要尽量安装在无人机的重心位置，一般在机翼弦线的 1/4~1/3 与机身纵轴的交点处。如果重心位置不对，一般会通过移动电池位置或增加配重来调整无人机重心，使其处于标准位置。

飞控箭头指向应为机头指向。如果是非正常安装，需在"全部参数表"内"AHRS_ORIENTATION"参数中找到相应的安装参数，输入对应的编号并保存。

（2）连接电调和舵机　一般固定翼信号线的连接顺序为：1 副翼、2 升降、3 油门、4 方向。把这些信号线连接在飞控的 MAIN OUT 接口，按顺序插入，连接一定要注意信号线的正反向以及顺序，如图 4-55 所示。

图 4-55　电调连接

（3）连接电源管理模块　和多旋翼无人机一样，把电源管理模块的插头插到飞控的 POWER 口位置。

（4）连接接收机　首先，要确定接收机所用的信号制式是 SBUS 还是 PPM，又或是 PWM 信号。然后，用信号线连接飞控和接收机，分别插在相应的信号接口位置上。

（5）连接数传电台天空端　把数传模块天空端的信号线插在飞控上的 TELEM1 接口。

（6）连接 GPS　连接 GPS 时，要注意 GPS 的指向，箭头应指向机头方向，固定牢固，然后把连接线插在飞控的 GPS 接口处。

（7）连接 LED　把 LED 灯安装在合适位置，LED 的连接线插在飞控上的 LED 接口上。

（8）连接空速计　把安装好的空速计信号线连接到飞控的 I^2C 端口上。

4. 基础调试

本调试环节与多旋翼无人机调试相比缺少了机架选择步骤，增添了空速计校准步骤。安全要求一致。

（1）加速度计校准　由于固定翼无人机组装完成后不太好进行水平放置，所以需要在装机前进行加速度计校准。具体过程可参考多旋翼无人机加速度计校准。

注意：校准完成后的飞控在安装固定时应保证水平放置。

（2）指南针校准　具体过程可参考多旋翼无人机指南针校准。

（3）遥控器校准　具体过程可参考多旋翼无人机遥控器校准。

（4）电调校准　具体过程可参考多旋翼无人机电调校准。

（5）电动机转向测试　具体过程可参考多旋翼无人机电动机转向测试。

（6）飞行模式设置　单击"飞行模式设置"按钮就进入飞行模式设置界面，在固定翼无人机飞行模式中，一般建议使用FBWA线性A增稳模式、FBWB线性B增稳模式、RTL返航模式，如图4-56所示。

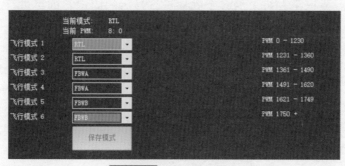

图 4-56　飞行模式界面

（7）电源模块设置　具体过程可参考多旋翼无人机电源模块设置。

（8）空速计校准　首先，需要在"初始设置"界面的"可选硬件"中选择"空速"，单击勾选"使用空速"并在下方"Pin"选项中选择"PX4/PixHawk EagleTree or MEAS I2C"；在"Type"选项中选择"I2C-MS4525D0"，如图4-57所示，空速计即可使用。

图 4-57　空速计设置

注意：如果使用模拟空速计，需要在"Pin"选项中选择"PixHawk Analog As port"。

空速计设置完成后，为保障飞行中的安全性，在每次飞行前都应进行空速计的校准。校准操作如下：

1）使用数传电台连接上 MP 地面站。

2）打开飞行数据界面下的"动作"栏。

3）选择"PREFLIGHT_CALIBRATE"。

4）使用水瓶或其他物体罩在空速计上，使空速计周围保持无风状态。

5）单击"执行动作"按钮，约 3s 后拿开罩在空速计上的物体。

6）向空速管吹气，观察空速的变化值，有明显的浮动为正常。根据吹气的大小估算空速显示是否正常。

注意：空速计在静止空气中有零和小值振荡（2~4）都是正常的。

以上环节全部完成后，无人机飞控的基本调试就完成了，此时关于无人机的基础设置已经完成，只需要把无人机上的各个硬件进行最后的固定，即可进行无人机的试飞。

任 务 核 验

一、思考题

1.固定翼无人机都有哪些机型？（列举六种）

2.列举三种固定翼无人机飞控。

3. 固定翼无人机安装指示灯的颜色一般怎样分配？

二、练习

请完成活页式工作手册项目 4 中的实训任务 2。

项目 5 　无人机导航系统

　　导航系统向无人机提供参考坐标系的位置、速度、飞行姿态，引导其按照指定航线飞行，相当于有人机系统中的领航员。由此可知，精确的导航信息是无人机完成飞行任务的必要条件，也就是无人机的定位是导航的基础，只有准确的定位，才有科学的导航。无人机在飞行过程中，对于操控手来说，需要实时掌握无人机的位置；对于无人机来说，当自主飞行时，需要在飞行过程的任意时刻知道自己的位置。这就是无人机导航系统的任务。

　　总体来讲，无人机导航系统主要分非自主（GPS 等）和自主（惯性制导）两种。未来无人机的发展要求具备障碍回避、物资或武器投放、自动进场着陆等功能，需要导航系统具有更高的精度、可靠、抗干扰等性能，因此多种导航技术结合的"惯性 + 多传感器 +GPS+ 光电导航系统"将是未来发展的方向。本项目主要介绍惯性导航系统、GPS 导航系统、格洛纳斯卫星导航系统、伽利略卫星导航系统和中国北斗卫星导航系统的组成、原理、优点等内容。

学习任务 1　惯性导航系统的认知

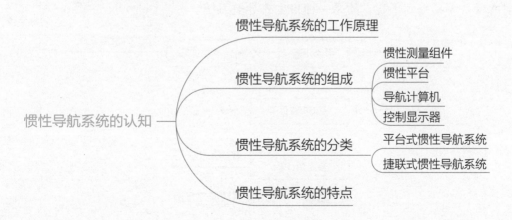

知识目标

1. 掌握惯性导航系统的基本原理。
2. 掌握惯性导航系统的分类、组成、工作原理。
3. 了解惯性导航系统的特点。

 任务描述

　　无人机发展早期，受电子信息工业的制约，其导航主要依赖地面雷达的无线电导航方式。之后，随着陀螺仪、高度计、气压计等设备的进步，无人机开始使用惯性导航系统，从而形成能够独立工作、远程飞行的导航能力。全球卫星定位系统的构建完成使得无人机拥有了更加自由的飞行能力。原先惯性导航系统由主要导航系统地位演变成只提供飞行姿态的传感器系统，导航定位功能完全由卫星定位系统替代。不过，在卫星定位系统出现故障的时候，或者在通信信号不佳的情况下，惯性导航系统仍然能够担负起导航的任务。通过本任务的学习，了解并掌握惯性导航系统相关知识。

任务学习

相关知识点1：惯性导航系统的工作原理

　　惯性导航系统（INS）是一种不依赖于外部信息，只通过载体内的传感器组合（主要为加速度计和陀螺仪）进行测量，得到旋转速度和加速度信息，结合初始信息，依据力学定律计算得出载体方位信息，原理框图如图5-1所示。惯性导航系统主要由计算机、加速度计、陀螺仪等其他运动传感器模块组成，其工作时不依赖外界信息，也不向外界辐射能量，不易受到干扰，故是一种自主式导航系统。

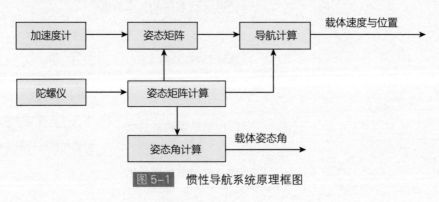

图 5-1　惯性导航系统原理框图

　　惯性导航系统以牛顿力学定理为基础，通过测量无人机的加速度，进行一次积分或二次积分和运算，可得到运动速度或运动距离，从而获得无人机的瞬时速度和瞬时位置数据。

　　二自由度惯性导航原理框图如图 5-2 所示，取直角坐标系为定位坐标系，载体的瞬时位置为（x，y）坐标。如果在载体内用一个导航平台把 2 个加速度计的测量轴分别稳定在 x 和 y 轴向，则加速度计分别测量载体 x 和 y 轴的相对惯性空间的运动加速度，经导航计算机的运算得到载体的飞行速度 v_{y_0}、v_{x_0} 和瞬时位置 x_0、y_0。

$$v_x = v_{x_0} + \int_0^t a_x \mathrm{d}t$$

$$v_y = v_{y_0} + \int_0^t a_y \mathrm{d}t$$

$$x = x_0 + \int_0^t v_x \mathrm{d}t$$

$$y = y_0 + \int_0^t v_y \mathrm{d}t$$

式中，a_x、a_y 是无人机的加速度，单位为 $\mathrm{m/s^2}$；v_x、v_y 是无人机的初速度，单位为 $\mathrm{m/s}$；v_{x_0}、v_{y_0} 是初速度，单位为 $\mathrm{m/s}$；x、y 是无人机的位移，单位为 m。

　　由上式可知，不管初始速度和位移是否为零，都可计算出任意时刻的速度和任何一段时间内无人机所飞过的路程。而实际惯性导航系统不仅能提供即时速度和即时位置，还可以测量无人机的姿态。

　　由上式可计算出任意时刻的速度和任何一段时间内无人机所飞过的路程。实际惯性导航系统不仅能提供即时速度和即时位置，还可以测量飞行器的姿态。

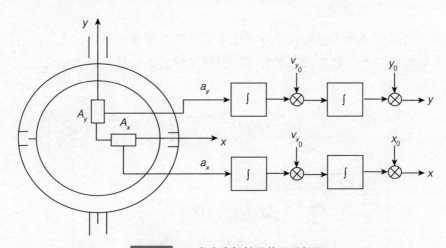

图 5-2　二自由度惯性导航原理框图

相关知识点 2：惯性导航系统的组成

惯性导航系统通常由惯性测量组件、惯性平台、导航计算机和控制显示器等组成。

1. 惯性测量组件

惯性测量组件包括加速度计和陀螺仪惯性元件。3 个陀螺仪用来测量无人机绕三轴的转动运动；3 个加速度计用来测量飞行器的平动运动加速度。

2. 惯性平台

惯性平台模拟一个导航坐标系，把加速度计的测量轴稳定在导航坐标系上，并用模拟的方法给出无人机姿态和方位信息。惯性平台一般采用陀螺仪作为敏感元件的稳定回路。

3. 导航计算机

根据加速度信号进行积分计算，还要进行系统的标定、对准以及机内的检测和管理。

4. 控制显示器

给定初始参数及系统所需的其他参数，并实时显示导航信息。

相关知识点 3：惯性导航系统的分类

惯性导航系统按照采用的平台形式分为平台式惯性导航系统（GINS）和捷联式惯性导航系统（SINS）。

1. 平台式惯性导航系统

平台式惯性导航系统（平台式惯导系统）有三轴陀螺稳定平台，将加速度计固定在平台上，其敏感轴与平台轴平行，平台的三根稳定轴模拟一种导航坐标系，其工作原理如图 5-3 所示。

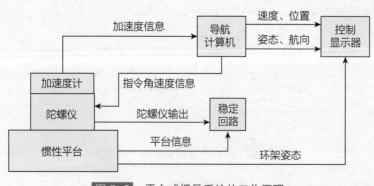

图 5-3　平台式惯导系统的工作原理

平台式惯导系统主要由三轴陀螺稳定平台（包含陀螺仪）、加速度计、导航计算机和控制显示器等部分组成。平台式惯导系统的优点是因为直接模拟导航坐标系，所以计算比较简单；又因为能隔离载体的角运动，所以系统精度高；缺点是结构复杂、体积大、制作成本高。

2. 捷联式惯性导航系统

捷联式惯性导航系统（捷联式惯导系统）将惯性测量元件直接固定在载体上，再通过数学平台（又称捷联矩阵转换到导航坐标系的参量）将其输出，进行导航解算。即无稳定平台，加速度计和陀螺仪直接与载体相连并跟随载体转动，陀螺仪用于测量载体角运动、计算载体姿态角，从而确定加速度计敏感轴指向，再通过坐标变换，将加速度计输出的信号变换到导航坐标系上，进行导航计算。其工作原理如图 5-4 所示。

在捷联式惯性导航系统中，加速度信息的坐标转换、姿态计算、姿态角和航向角的提取，都在计算机里完成，起着物理平台的作用，构成所谓的"数学平台"。

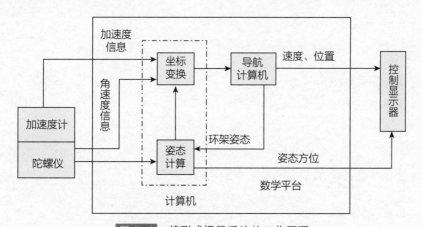

图 5-4　捷联式惯导系统的工作原理

此外，由于惯性测量元件直接安装在无人机上，工作环境恶劣，要求它在无人机振动、冲击、温度变化等条件下仍能正确测量，参数和性能有高的稳定性，故对惯性元件的要求比平台式惯导系统要高。

相关知识点 4：惯性导航系统的特点

1. 优点

惯性导航系统工作时不依赖外界信息，也不向外界辐射能量，不易受到干扰，是一种自主式导航系统；可以实现全天候工作于空中、地球表面、水下等地点，自主导航，屏蔽性好，不受外界电磁干扰；数据更新率高，短期精度高，稳定性好。

2. 缺点

因惯性导航系统的定位精度非常依赖于每一个环节的数据精度，而每个环节都是存在误差的，这样随着时间的延长，这些误差就会不断积累，导致最后结果的误差是个放大的量。所以，凡是采用惯性导航系统的无人机都需要一个额外的手段来定期地给予惯性导航系统一个修正值。

在无人机实际应用中，惯性导航系统会和其他定位／导航方式以一种复合导航模式存在，如"主动／被动式雷达＋惯性导航"的方式，而对于大多数普通的无人机，特别是民用无人机而言，通常采用"惯性导航＋卫星定位"二合一的复合模式。

任 务 核 验

思考题

1. 简述惯性导航系统的工作原理及组成。

2. 简述惯性导航系统的特点。

3. 简述惯性导航系统在无人机系统中的应用。

学习任务 2　全球定位系统（GPS）的认知

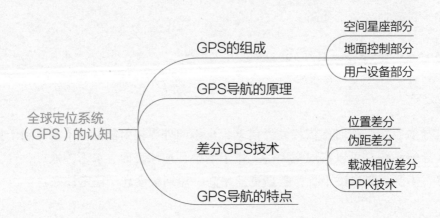

知识目标

1. 掌握 GPS 导航系统的概念、原理、组成和分类。
2. 掌握差分 GPS 技术的原理、组成。
3. 了解 GPS 导航在无人机中的应用。

任务描述

全球卫星导航系统（GNSS），是能在地球表面或近地空间的任何地点为用户提供全天候的三维坐标、速度、时间信息的空基无线电导航定位系统，包括一个或多个卫星星座及其支持特定工作所需的增强系统。

卫星导航是利用导航卫星发射的无线电信号，求出飞行器相对于卫星的位置，再根据已知的卫星相对地面的位置计算出飞行器的坐标。卫星导航系统由导航卫星、地面台站和用户定位设备 3 个部分组成，如图 5-5 所示。

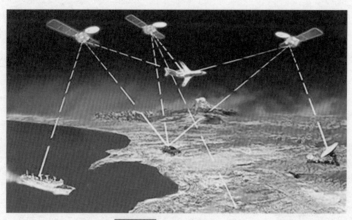

图 5-5　卫星导航示意

目前，常用的全球卫星导航系统有美国的全球定位系统（GPS）、俄罗斯的格洛纳斯卫星导航系统（GLONASS）、欧洲的伽利略卫星导航系统（GALILEO）和中国的北斗卫星导航系统（BDS）。通过本任务的学习，了解、掌握 GPS 相关知识。

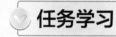

相关知识点 1：GPS 的组成

GPS 包括三大部分：空间星座部分——GPS 卫星，地面控制部分——地面监控系统，用户设备部分——GPS 信号接收机，如图 5-6 所示。

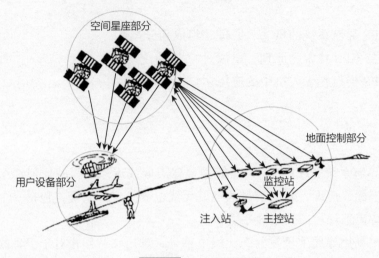

图 5-6 GPS 的组成

1. 空间星座部分

GPS 空间星座部分由 24 颗卫星组成，其中有 21 颗工作卫星，3 颗备用卫星。卫星星座示意图、卫星分布图、卫星的地面轨迹图分别如图 5-7~ 图 5-9 所示。

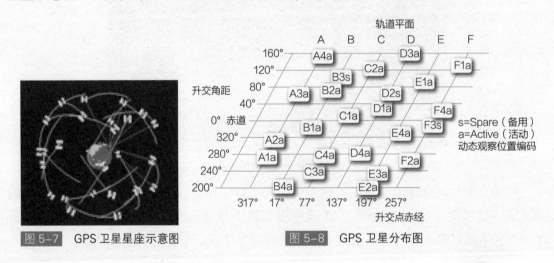

图 5-7 GPS 卫星星座示意图

图 5-8 GPS 卫星分布图

2. 地面控制部分

控制部分由 1 个主控站、5 个全球监测站和 3 个地面控制站组成，主要任务是跟踪所有的卫星以进行轨道和时钟测定，预测修正模型参数，卫星时间同步和为卫星加载数据电文等。

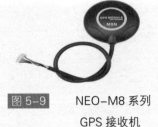

图 5-9 NEO-M8 系列 GPS 接收机

（1）主控站　地面控制系统的调度指挥中心，主要设备为大型电子计算机。其作用是从各监测站收集跟踪数据，计算卫星的星历、状态数据和卫星钟的改正参数等，然后将这些观测数据送到 3 个地面控制站中，以便最终向卫星加载数据。此外，卫星控制和系统工作也是主控站的责任。

（2）监测站　监测站均配备有精密的铯钟和能够连续测量到所有可见卫星伪距的接收机。所测伪距每 15s 更新一次，利用电离层和气象数据，每 15min 进行一次数据平滑，然后发送给主控站。

（3）地面控制站　地面控制站也称作地面天线（GA），与卫星之间有通信链路，主要由地面天线组成。由主控站传来的卫星星历和卫星钟参数以 S 波段射频链上行注入各个卫星。如果某地面站发生故障，那么，在各卫星中预存的导航信息还可用一段时间，但导航精度却会逐步降低。

3. 用户设备部分

用户设备包括各种类型的 GPS 接机收。其主要功能是捕获跟踪卫星信号，测量接收天线至卫星的伪距离和距离的变化率，并解调出卫星轨道参数等数据。根据这些数据，接收机中的微处理计算机进行定位计算，计算出用户设备的地理位置信息，如经度、纬度、高度、速度和时间等。

目前，用于多旋翼无人机中的 GPS 接收机，常见的是 Ublox 的 NEO-M8 系列，如图 5-9 所示。

相关知识点 2：GPS 导航的原理

GPS 定位的基本原理实际上就是通过 4 颗已知位置的卫星来确定 GPS 用户接收机的位置，如图 5-10 所示。

GPS 接收机为当前要确定位置的设备，设其空间坐标为（X，Y，Z）；卫星 1~ 卫

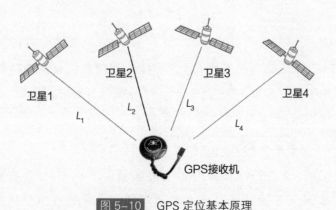

图 5-10　GPS 定位基本原理

星 4 为此次定位所用的 4 颗卫星，其坐标可以根据星载时钟所记录的时间在卫星星历中查出，其空间坐标为（X_i, Y_i, Z_i）（i=1~4）；L_1、L_2、L_3、L_4 为 GPS 接收机到 4 颗卫星的距离。

以卫星 1 为例做简单说明，如图 5-11 所示，卫星 1 到 GPS 接收机的距离为

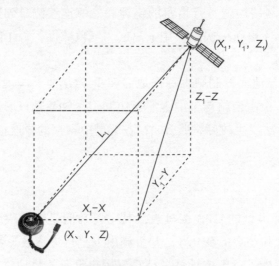

图 5-11　GPS 原理简图

$$L_1 = \sqrt{(X_1 - X)^2 + (Y_1 - Y)^2 + (Z_1 - Z)^2} \tag{5-1}$$

同理可得任何一颗卫星到 GPS 接收机的距离为

$$L_i = \sqrt{(X_i - X)^2 + (Y_i - Y)^2 + (Z_i - Z)^2} \tag{5-2}$$

GPS 导航卫星实质上是一种特殊的通信卫星，即一种广播型的通信卫星。其在发送位置信息的同时，也会附加上该数据包发出时的时间点。GPS 接收机收到数据包后，用当前时间减去发出时间，就是数据包在空中传输所用的时间了。如果卫星时钟与地面时钟同步，卫星到用户接收机的距离则为

$$\gamma_i = c\,(T - T_i) \tag{5-3}$$

式中，γ_i 为第 i 颗卫星到用户接收机的距离，单位为 m；c 为无线电波传播速度，即光速，约为 3×10^8 m/s；$T - T_i$ 为无线电波从第 i 颗卫星传输到用户接收机的时长，单位为 s；T 为用户接收机的时间坐标，未知，单位为 s；T_i 为第 i 颗卫星的时间坐标，已知，单位为 s。

通过式（5-2）和式（5-3）所计算出的距离，实际是相等的，故有

$$\sqrt{(X_i - X)^2 + (Y_i - Y)^2 + (Z_i - Z)^2} = c\,(T - T_i) \tag{5-4}$$

由式（5-4）可知，X、Y、Z、T 为所求未知量，所以 GPS 接收机至少要通过 4 颗卫星，列写 4 个方程，才能计算出这 4 个未知量，最终确定用户接收机的空间坐标

和时间坐标。

需要指出的是，实际卫星时钟一般为精密的原子钟，而用户卫星时钟一般为精度较差的石英钟，两者之间是不可能同步的，也就是存在时间差，因为光速很快，这个误差不容忽略。因此，采用差分 GPS 技术，来提高 GPS 的定位精度。

相关知识点 3：差分 GPS 技术

GPS 定位测量中有三类误差：接收机的公有误差（卫星钟误差、星历误差、电离层误差和对流层误差）、接收机自身存在的误差（内部噪声、通道延迟、多路径效应）、基准站接收机与移动站接收机之间的传播延迟误差。其中，第一类误差可以通过差分技术完全予以消除；第二类误差是硬件设备的内在误差，无法消除；第三类误差直接取决于移动站与基准站之间的距离。

差分 GPS 技术就是在 GPS 接收机相对较近的已知坐标点上布放一个 GPS 基准站，此基准站也可以接收到为地面接收机提供位置信息的 4 颗卫星的信号，根据这些信号算出坐标值，然后与已知的坐标比较，得出坐标的偏差量，然后将偏差量或者实时测得的载波相位，通过数传链路或移动通信网络发送给 GPS 接收机，接收机根据接收到的信息进行修正，如图 5-12 所示。

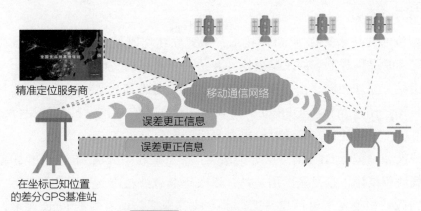

精准定位服务商

移动通信网络

误差更正信息

误差更正信息

在坐标已知位置
的差分GPS基准站

图 5-12　差分 GPS 技术原理

根据差分 GPS 基准站发送的信息方式可将差分 GPS 定位分为三类，即：位置差分、伪距差分和载波相位差分。这三类差分方式的工作原理是相同的，即都是由基准站发送改正数，由用户站接收并对其测量结果进行改正，以获得精确的定位结果。所不同的是，发送改正数的具体内容不一样，其差分定位精度也不同。

1. 位置差分

这是一种最简单的差分方法，任何一种 GPS 接收机均可改装和组成这种差分系统。其基本原理是安装在基准站上的 GPS 接收机观测 4 颗卫星后便可进行三维定位，解算出基准站的坐标。由于存在着轨道误差、时钟误差、大气影响、多径效应以及其他误差，解算出的坐标与基准站的已知坐标是不一样的，即存在误差。基准站利用数据链将此改正数发送出去，由用户站接收，并且对其解算的用户站坐标进行改正。最后得到改正后的用户坐标已消去了基准站和用户站的共同误差，提高了定位精度。以上先决条件是基准站和用户站观测同一组卫星的情况，位置差分法适用于用户与基准站间距离在 100km 以内的情况。

2. 伪距差分

伪距差分是目前用途最广的一种技术。几乎所有的商用差分 GPS 接收机均采用这种技术。其基本原理是在基准站上的接收机要求出它至可见卫星的距离，并将此距离与含有误差的测量值加以比较。利用一个 α－β 滤波器将此差值滤波并求出其偏差，然后将所有卫星的测距误差传输给用户，用户利用此测距误差来改正测量的伪距。最后，用户利用改正后的伪距来解出本身的位置，就可消去公共误差，提高定位精度。

与位置差分相似，伪距差分能将两站公共误差抵消，但随着用户到基准站距离的增加又出现了系统误差，这种误差用任何差分法都无法消除。用户和基准站之间的距离对精度有决定性影响。

3. 载波相位差分

载波相位差分技术又称为 RTK 技术，是建立在实时处理两个测站的载波相位基础上的。它能实时提供观测点的三维坐标，并达到厘米级的高精度。

与伪距差分原理相同，由基准站通过数据链实时将其载波观测量及站坐标信息一同传送给用户站。用户站接收 GPS 卫星的载波相位与来自基准站的载波相位，组成相位差分观测值进行实时处理，能实时给出厘米级的定位结果。

实现载波相位差分 GPS 的方法分为两类：修正法和差分法。前者与伪距差分相同，基准站将载波相位修正量发送给用户站，以改正其载波相位，然后求解坐标。后者将基准站采集的载波相位发送给用户站进行求差解算坐标。前者为准 RTK 技术，后者为真正的 RTK 技术。

相比较而言，普通 GPS 接收机，精度一般只能达到米级别。至于为什么搭载普通 GPS 的无人机也能做到稳定悬停，这就离不开其他系统的辅助，最重要的就是惯性导航系统，再辅以视觉识别和超声波定高等方式，即可让无人机做到在空中纹丝不动地"钉钉子"。而具备 RTK 的无人机，只要将基准站位置架在已知坐标点的位置上，就可以精确计算出移动站（也就是无人机）的精确位置。

RTK 的工作原理，离不开基准站和移动站直接、实时的无线电通信。但是如果距离过远，就会跟无人机的遥控器一样失控而导致无法精准定位，于是出现了 PPK 技术。

4. PPK 技术

PPK 技术，即动态后处理技术。其系统也和 RTK 一样，由基准站和移动站组成，如图 5-13 所示。

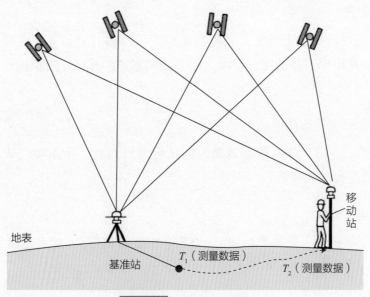

图 5-13　PPK 系统组成

PPK 的工作原理是，利用进行同步观测的一台基准站接收机和至少一台移动站接收机对卫星的载波相位进行测量，并实时记录，省掉中间无线电传输的环节。在测量完成之后，使用 GPS 处理软件进行线性组合（后处理过程），形成虚拟的载波相位测量值，确定接收机之间厘米级的相对位置，然后进行坐标转换得到移动站在地方坐标系中的坐标。

PPK 相较于 RTK 的优势在于，由于是事后处理，所以在测量过程中不受通信距离的影响，并且由于省去了中间无线电传输的环节，其成本相较于 RTK 技术还有一定优势。特别是无人机飞行距离比传统人工测量距离更远，容易受到山脉、建筑的影响，所以 PPK 的运用已经相当成熟。

相关知识点 4：GPS 导航的特点

1. 全球范围内连续覆盖

由于 GPS 卫星的数目比较多，其空间分布和运行周期经精心设计，可使地球上任意地点在任意时候都能观测到至少 4 颗卫星，从而保证全球范围的全天候连续三维定位。

2. 实现实时定位

GPS 可以实时确定运动载体的三维坐标和速度矢量，从而可以实时地监视和修正载体的运动方向，避开各种不利环境，选择最佳航线，这是许多导航定位技术难以企及的。

3. 定位精度高

利用 GPS 可以得到动态目标高精度的坐标、速度和时间信息，在较大空间尺度上对静态目标可以获得比较高的定位精度，随着技术水平的提高，定位精度技术还会有更进一步的提高。

4. 静态定位观测效率高

根据精度要求不同，GPS 静态观测时间从数分钟到数十天不等，从数据采集到数据处理基本上都是自动完成的。

5. 操作简单

随着 GPS 接收机的不断改进，GPS 的自动化程度越来越高，越来越趋于智能化、"傻瓜式"。另外，接收机的体积也越来越小、重量越来越轻。

6. 应用广泛

GPS 以其全天候、高精度、自动化、高效益等显著特点成功应用于测绘、资源勘探、环境保护、农林牧渔、运载工具导航和管制、地壳运动监测、工程变形监测、地球动力学等领域。

任务核验

思考题

1. 简述 GPS 的工作原理及组成。

2. 简述 RTK 的原理。

3. 简述 GPS 在日常生活中的应用。

学习任务 3　其他导航系统的认知

知识目标

1. 熟悉其他全球卫星导航系统的分类、组成、工作原理和特点。

2. 了解格洛纳斯卫星导航系统、伽利略卫星导航系统、北斗导航定位系统的现状及发展前景。

3. 了解常用的室内导航系统的种类及原理。

4. 能够完成无人机室内飞行时定位导航的设置。

任务描述

全球卫星导航系统除了美国的 GPS 外，还有俄罗斯的格洛纳斯卫星导航系统、欧洲的伽利略卫星导航系统和我国的北斗卫星导航系统。另外，因为在室内时，GPS 等导航系统信号微弱，需要了解几种常见的室内定位技术。本任务主要是了解这些导航系统的组成、原理、优点等内容。

任务学习

相关知识点 1：中国北斗卫星导航系统

中国北斗卫星导航系统（BDS）是中国自行研制的全球卫星导航系统，是继美国全球定位系统（GPS）、俄罗斯格洛纳斯卫星导航系统（GLONASS）之后第 3 个成熟的卫星导航系统。BDS、GPS、GLONASS、GALILEO，是联合国卫星导航委员会已认定的服务供应商。

　　BDS 由空间段、地面段和用户段 3 部分组成，可在全球范围内全天候、全天时为各类用户提供高精度、高可靠定位、导航、授时服务，并具有短报文通信能力，已经初步具备区域导航、定位和授时能力，定位精度 10m，测速精度 0.2m/s，授时精度 10ns，其标志如图 5-14 所示。

图 5-14　BDS 标志

扩展知识：BDS 建设规划及应用案例

BDS

扩展知识：GLONASS 和 GALILEO

相关知识点 2：室内定位导航系统

　　在室内环境中，GPS 导航的信号是很弱的，所以对于无人机来说，其飞行控制在室内可以有以下几种方式。

1. 超声波传感器 + 光流传感器

　　在室内时，可通过超声波传感器和光流传感器分别获取无人机距离地面高度和水平方向的速度，再融合 IMU 的数据，实现无人机在室内的悬停，如图 5-15 所示。

　　超声波测距原理是指先计算从发出超声波到检测到发出的超声波的时间，同时根据声速计算出物体的距离。超声波在空气中的传播速度为 340m/s，根据计时器记录的时间 t，就可以计算出发射点距障碍物的距离 s，$s=340t/2$。

　　光流是空间运动物体在观测成像平面上的像素运动的"瞬时速度"。当观测对象不动、无人机水平移动时，这时光流计算结果可以估算为无人机的水平速度。通

图 5-15　超声波传感器 + 光流传感器

常是借助于无人机底部的一个摄像头采集图像数据，然后采用光流算法计算两帧图像的位移，进而实现对无人机的定位。这种定位手段配合 GPS 可以在室外实现对无人机的精准控制，并且在室内没有 GPS 信号的时候，也可以实现对无人机的高精度定位，实现更加平稳的控制。

2. 激光 SLAM

SLAM 即同步定位与地图构建，最早在机器人领域提出。SLAM 指的是机器人从未知环境的未知地点出发，在运动过程中通过重复观测到的环境特征定位自身位置和姿态，再根据自身位置构建周围环境的增量式地图，从而达到同时定位和地图构建的目的。

激光 SLAM 的基本原理是激光雷达测出了每一个角度方向上以激光雷达为圆心的点到反射点的距离，记录在某种形式的地图上，不同的外部环境有不同的地图特征。例如，在无人机上配备激光扫描雷达，当无人机移动时，通过 IMU 能计算出移动距离，这时激光雷达会得到新的增量式地图，对比原来的地图，移动距离不大的情况下，通过地图特征匹配也能得出无人机的移动距离，但都不准确，需要做数据融合。

3. 视觉 SLAM

视觉 SLAM（V-SLAM）就是用摄像头来完成环境的感知工作，从而实现自主定位与导航。视觉 SLAM 以其小范围内定位精度高、无需任何环境先验信息、硬件成本低廉、不易受外界干扰（仅需一个普通摄像头）及信息量获取丰富等优点，成为近年来的热门研究方向。其中，单目相机功耗低、质量轻，一方面较双目相机节省计算资源，另一方面比深度相机测距范围更广，可适用于室内外等多种场景，使得单目 V-SLAM 系统与无人机平台的结合有着先天优势。

4. UWB 定位系统

UWB（超宽带）定位技术是室内定位领域的一项新兴技术，属于无线定位技术的一种。UWB 是一种无载波通信技术，通过短的能量脉冲序列，并进行正交频分调制或直接排序将脉冲扩展到一个频率范围内，具有 GHz 级别的宽带、穿透力强、功耗低、抗多径效果好、安全性高、系统复杂度低、能提供精确定位精度。

最小的 UWB 定位系统主要由标签节点（Tag）、参考节点（Ref）和中央处理模块组成，其中 Tag 由被定位者携带，其位置是未知的，Ref 与中央处理模块相连，其位置固定且已知，如图 5-16 所示。Ref 每隔一定时间向中央处理模块发送其检测到的标签

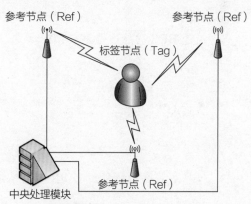

图 5-16　最小 UWB 定位系统

节点定位信号，中央处理模块收到信号后经过处理，通过定位算法就可以得出 Tag 的位置。按照测量参数的不同，UWB 定位方法可以分为接收信号强度法（RSSI）、到达角度法（AOA）、到达时间法（TOA）和到达时间差法（TDOA）等。其中，TDOA 技术

是目前最为流行的一种方案。

　　TDOA 是利用不同 Ref 接收到的同一 Tag 的定位信号的时间差来计算 Tag 到不同 Ref 的距离差，由此可以得出 Ref 间的双曲线，双曲线的交点即为 Tag 的位置，如图 5-17 所示。

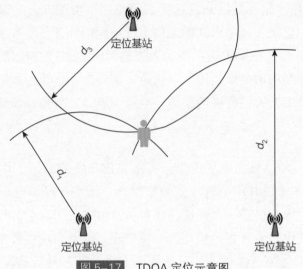

图 5-17　TDOA 定位示意图

　　UWB 定位技术具有抗干扰能力强、穿透能力强、功耗低以及定位精度高等优势，除应用于室内定位外还可用于矿井下人员定位、养老院人员看护等方面。

任 务 核 验

思考题

1. 简述 BDS 的应用及发展前景。

2. 简述 UWB 定位系统的原理。

3. 通过查找资料，了解 UWB 定位系统的实际应用案例。

学习任务 4　无人机导航技术的应用

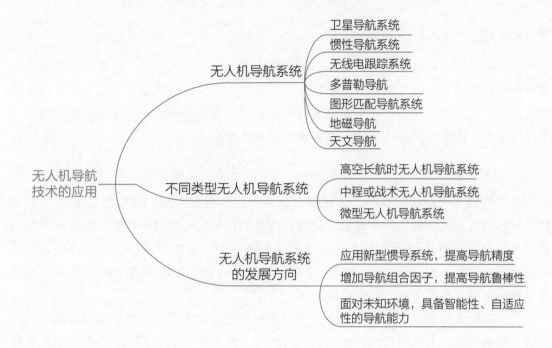

　知识目标

1. 能够分析总结多种导航系统在无人机上的应用。
2. 能够深入剖析某无人机的导航系统原理。
3. 能够根据应用需求选择无人机导航的方式。

　任务描述

　　无人机导航系统负责向无人机提供参考坐标系的位置、速度、飞行姿态等矢量信息，引导无人机按照指定航线飞行，相当于无人机的"眼睛"。精准的无人机导航系统是无人机完成飞行任务的必要条件。对于操控员来说，需要实时地知道任意时刻无人机的位置；对于无人机来说，当自主飞行时，也需要在任意时刻知道自己的位置；对于全自主飞行模式，无人机上也必须搭载满足其任务性能所需的导航设备。通过本任务的学习，掌握有关无人机导航技术的相关内容。

任务学习

相关知识点1：无人机导航系统

无人机导航方法通常分为自主和非自主两大类。所谓自主导航，就是无人机完全依靠自身所载的设备，自主地完成导航任务，和外界不发生任何联系；否则称为非自主导航。目前，无人机常用的导航系统有卫星导航系统、惯性导航系统、无线电跟踪系统、多普勒导航、图形匹配导航系统、地磁导航和天文导航等。

1. 卫星导航系统

卫星导航系统由空中部分、地面部分和用户接收设备构成。以GPS为例，导航卫星不断地发射导航电文，用户根据卫星信号传播到用户经历的时间和在卫星星历时间记录的卫星位置计算出伪距（PR）。当用户接收到4个以上的卫星信号时，就可以计算出用户所在三维坐标X、Y、Z和用户接收机使用的时钟与卫星星载时钟差值Δt（具体内容请参考本项目学习任务2的内容）。

卫星导航系统优点是全球性、全天候，导航精度无时间累积误差，实时性较出色。卫星导航系统使无人机飞行范围得到很大的延伸，尤其是对于MALE（中空长航时）和HALE（高空长航时）无人机尤为重要。

2. 惯性导航系统

惯性导航系统是一种不依赖外部信息，也不向外辐射能量的自主式导航系统。其原理是在给定的运动初始条件下，利用惯性敏感元件测量无人机相对于惯性空间的线运动和角运动参数，用计算机推算出其速度、位置、姿态等参数，从而引导无人机飞行（具体内容可参考本项目学习任务1的内容）。因此，惯性导航系统具有隐蔽性好、全天候工作能力强等独特优点。但是惯性导航系统的精度取决于单个传感器的精度，实际空间位置的漂移是不可避免的，并随时间累积。各类惯性导航系统，根据环境和性能要求的不同，可以广泛地应用在无人机上。

3. 无线电跟踪系统

无线电跟踪系统一般由无人机上设备和地面设备组成，其基本工作原理是把有关信号调制在由发射机产生的无线电载波上，通过天线辐射到空间，被无人机上的应答机接收、转发，或被目标直接反射，返回地面；也可由无人机上的信标机直接发送无线电信号到地面。对于短程无人机（飞行距离为80~100 km）而言，无线电跟踪是一种成熟的技术，尤其是应用在山区战场侦察、地面攻击、短程的海防（如沿海岸的侦察）等场合尤为方便。

无线电跟踪系统中的窄波束上下行数据链信号携带有时间信息，地面控制站和无人机上的计算机利用此时间信息计算它们之间的距离。地面控制站的水平接收天线使其能够在方位上锁定并跟踪无人机，并向无人机发送指令信息。

4. 多普勒导航

多普勒导航是利用多普勒效应实现无线电导航，机载系统由机械仪表、多普勒雷达和机载计算机等组成。多普勒雷达测得的无人机速度信号与航向姿态系统测得的无人机姿态信息送入计算机，计算出无人机的地速矢量并对地速进行运算，得出无人机当时的实际位置。利用这个位置信息进行航线等计算，实现对无人机的导航。当无人机因侧风而偏航时，多普勒雷达还可用于测量偏流角的数据并对无人机的航向进行修正，主要是根据气流偏流角的大小来反映地速、风速和空速之间的对应关系。同时，磁罗盘或陀螺仪可以测出无人机的航向角，即无人机纵轴方向与正北方向之间的夹角。根据多普勒雷达提供的地速和偏流角数据，以及磁罗盘或陀螺仪表提供的航向数据，导航计算机就可以不断地计算出无人机飞过的路线。多普勒导航系统有无需地面设备、不受地区和气候条件限制等优点。但是当无人机姿态超过一定限度时，多普勒雷达不能接收回波，并且存在时间累积误差。

5. 图形匹配导航系统

图形匹配导航系统的基本原理是预先将无人机经过的地域，通过大地测量、航空摄影或已有的地形图等方法将地形数据（主要是地形位置和高度数据）制成数字化地图，并存储在机载计算机中。当无人机飞越上述区域时，其上的探测设备再次对该区域进行测量并与预先存储的原图进行比较，确定实际位置和位置偏差，从而实现对无人机的导航。单纯的图形匹配导航不能提供地理坐标位置，必须和其他导航方式进行组合，更多的是图形/惯性组合。图形匹配导航可分为地形匹配导航和景象匹配导航两种。

6. 地磁导航

地磁场是矢量场，在地球近地空间内任意一点的地磁矢量与其他地点的地磁矢量是不同的，且与该地点的经纬度是一一对应的。因此，理论上只要知道该点的地磁场矢量就可实现全球定位。

根据地磁数据处理模式的不同，地磁导航分为地磁匹配与地磁滤波。目前，应用较为广泛的是地磁匹配，即把预先规划好的航迹中某些点的地磁矢量绘制成参考图存储在机载计算机中，当无人机飞越这些预先规划的地区时，由地磁测量仪器实时测量出飞越这些点时的地磁矢量，构成实时图。在机载计算机中，对实时图与参考图进行相关匹配，计算出无人机的实时坐标位置，供导航计算机解算导航信息。

地磁导航具有无源、隐蔽性强、无辐射、不受干扰、全天候、全地域、全天时和能耗低等特点，但是需要存储大量的地磁数据，且导航精度易受其他机载设备的干扰。地磁导航在国内外都还是一个新兴技术，目前尚未成功应用于无人机。

7. 天文导航

天文导航是根据天体来测定飞行器位置和航向的导航技术。根据天体的坐标位置和它的运动规律和地平信息，构成飞行器高度角，根据几何运算来获取飞行器的位置。在国内尚未将天文导航普遍应用于无人机，但是随着人们对卫星导航缺陷认识的不断加深，天文导航将逐渐成为 HALE 无人机的首选导航系统。

扩展知识：不同类型无人机导航系统

相关知识点 2：无人机导航系统的发展方向

1. 应用新型惯导系统，提高导航精度

随着激光惯导、光纤惯导和微固态惯性仪表等惯导系统的研制和应用，现代微机电系统的发展，微机械惯导系统的研制，惯导系统的功耗和体积变得越来越小，更加适于战术应用。随着加工工艺的提升和关键理论、技术的突破，会研发出更多高精度惯导装置。

2. 增加导航组合因子，提高导航鲁棒性

未来无人机对导航的稳定性和可靠性等性能提出更高的要求，增加组合导航因子，不再依赖于某一项或者某几项导航技术，当其中的一项或者几项因子不能正常工作时，不会影响到无人机的正常导航性能需求。

3. 面对未知环境，具备智能性、自适应性的导航能力

近年来，无人机系统正向多任务系统发展，其种类涵盖了由微小型到 HALE 无人机，全空域覆盖。可以预见，未来的使用需求和作战环境将会变得复杂且不确定，往往不会根据预先设定的航行计划飞行，而需要临时调整或重新制订飞行计划，遇到突发事件时，需要导航系统根据无人机的任务特点及作战环境运用多传感器技术、自适应技术、神经网络技术和现代控制理论，及时采用与之相适应的导航方式。

思考题

1. 简述无人机中常用的导航系统有哪些。

2. 讨论不同类型无人机导航系统的特点。

3. 通过查找资料，讨论无人机导航系统的发展方向。

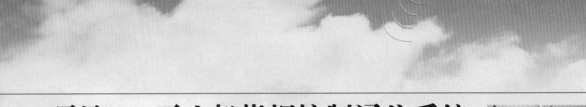

项目6　无人机指挥控制通信系统

在整个无人机的控制中，要想让无人机听从指令飞行就需要依靠相应的指挥控制系统。无人机的指挥控制系统包含了地面站指挥系统和无线电遥控系统，两种不同的系统构成了两种不同的无人机控制方式。本项目将从这两个方面出发，通过学习任务与实训任务让学生了解并掌握无人机指挥控制系统。

学习任务 1　无人机遥控器的认知

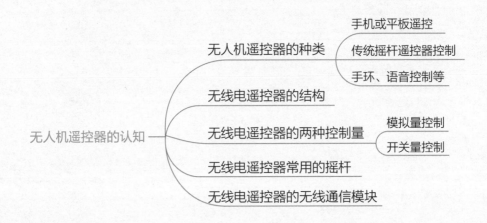

 　知识目标

1. 熟悉无人机遥控器的种类。
2. 熟悉无人机无线电遥控器的两种控制量。
3. 掌握无人机无线电遥控器的数据编码格式。
4. 了解无人机遥控器不同的遥杆。
5. 自行研究其他种类的遥控器。

任务描述

无人机遥控系统是控制无人机灵活飞行的必要设备之一。其中包括无线电遥控器和无线电接收机两部分。本任务将主要针对无人机遥控器的作用、频率、信号制式和遥杆等进行讲解。

任务学习

首先，了解无人机遥控器的种类。其次，了解无人机的两种控制量。然后，学习无人机遥控器不同的遥杆。最后，学习无人机遥控器的工作涉及的频率、信号制式等知识。学生通过对这些知识的学习能建立起对无人机遥控器的基本认知。

相关知识点1：无人机遥控器的种类

目前，无人机遥控器主要可以分为 3 种：手机或平板遥控、传统遥杆遥控器，以及手环、语音控制等新型遥控。

1. 手机或平板遥控

随着科技的发展，为了追求更轻量化、更便捷的操作体验，越来越多的无人机开始选择使用手机或平板进行操控，如图 6-1 所示。和传统的遥控器相比，手机或平板遥控只需下载一个指定的 APP 便能在 APP 模拟的遥控界面对无人机进行控制或者使用手机或平板自带的传感器进行体感操控，避免了需要携带外置遥控器的麻烦。但是，由于手机或平板遥控多是采用蓝牙连接，所以存在信号不稳定、飞行距离短的缺点，很大地影响了操控的体验感。此外，虽然手机或平板遥控操控较为方便，但是相对的操控精度较低，功能较少，所以一般只应用在微型无人机上。

图 6-1　手机遥控无人机界面

2.传统遥杆遥控器控制

在无人机遥控控制中，使用传统的遥杆遥控器进行控制仍是主流，常用的为无线电遥控器，如图6-2所示。常用的无线电遥控系统一般分为发射和接收两个部分，其原理为通过调制将编码信息加载于高频载波信号之上，生成调制波发射出去。当无线电波通过空气传播到接收端时，电波引起的电磁场变化又会在导体中产生电流。通过解码将信息从变化的电流中提取出来，就达到了信息传递的目的。解码后的电信号直接驱动继电器、电子开关等器件实现预定功能，遥控

图 6-2　无线电遥控器

者按下不同的按键，生成0和1交替的编码信号，再用它去调制高频载波（常用的频率范围是38~50kHz），最后得到调制波。调制波实际上是编码信号和载波信号相"与"的结果。

相比其他控制而言，虽然摇杆遥控器比较笨重，但摇杆遥控器的控制更精确，信号也更为稳定，遥控距离更长。目前传统的摇杆遥控器有些也加入了手机和平板来进行共同控制，摇杆遥控器进行功能控制，手机或平板进行数据显示。

3.手环、语音控制等

手环、语音控制等一些新型的控制方式通过简化无人机的姿态控制，增加一键控制或通过传感器进行体感操控无人机。这种新型的控制方式，虽然简单便捷，但是由于目前技术不够成熟，也只出现在一些玩具无人机上。

相关知识点2：无线电遥控器的结构

无线电遥控器常称为发射机，是通过数字比例无线电控制系统对无人机发送飞行指令的装置。控制流程是由遥控器发出信号，相配对的接收机接收信号并传递给无人机飞控，飞控收到信号并处理后发出指令给执行机构等，如图6-3所示。

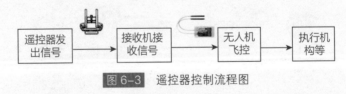

图 6-3　遥控器控制流程图

无线电遥控器的种类有很多，但是基本的结构都是一样的。如图6-4所示，无人机控制区域主要由两个遥杆来控制滚转（左右）、偏航、油门和俯仰（前后）4个通道；4个可左右拨动的按钮用来控制4个通道的微调量；还会有一些旋钮、波轮或者开关用来控制其他通道。

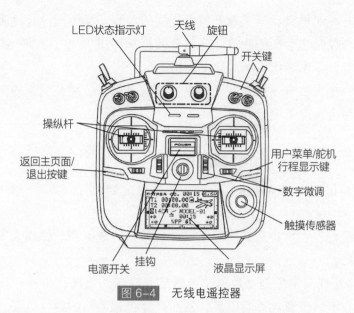

图 6-4　无线电遥控器

遥控器功能区域一般由一个液晶显示屏显示遥控器的功能选项，另一部分由机械按键或者触摸按键组成，用来对遥控器的功能进行选择。当然，有一些遥控器是触摸屏的，不必再依靠物理按键。

在遥控器顶端上还会有天线，一般会采用鞭状天线；遥控器由锂电池或镍氢电池提供电源。

相关知识点 3：无线电遥控器的两种控制量

在无线电遥控器中，硬件设备主要有两种控制量：一种是模拟控制量，如遥杆、旋钮等，如图 6-5 所示；另一种是开关控制量，如二档阶跃开关、三档阶跃开关等，如图 6-6 所示。

图 6-5　遥杆

图 6-6　阶跃开关

对于模拟控制量，一般用来对连续的控制量进行控制，这样可以精确操控无人机，主要表现在对无人机各个方向上的飞行速度、油门大小和云台的旋转以及俯仰等的控制。另外，遥控器上的微调按钮也属于模拟控制量。

开关控制量，顾名思义，就是对开或者是关的控制。其中间没有过渡，只能执行两个命令，一般用来控制起落架的收放、降落伞的打开和相机快门等动作，这些动作比较单一，只执行动作，不用考虑控制过程中的精确度。

一般来说，一个无线电遥控器有几个模拟控制量加上开关控制量的个数就得到了遥控器的通道数，称为几通道遥控器。

相关知识点4：无线电遥控器常用的遥杆

无线电遥控器遥杆大致分两种，一种为机械电位器摇杆，另外一种就是霍尔IC传感摇杆。

机械电位器遥杆存在反应迟钝、停留漂浮效果差、成本高、体积大等缺点，越来越难以满足市场需要。

霍尔IC传感遥杆基本原理是通过位于遥控器底端的磁场传感器，检测来自遥杆底部永磁铁发出的在不同位置的磁场强度，从而计算得到当前的摇杆位置。这样就可以将摇杆组件做得非常小，从而做出与无人机折叠小巧机身相匹配的折叠遥控器，方便携带。

相关知识点5：无线电遥控器的无线通信模块

要想使用2.4GHz频段进行通信，就需要有相应的通信模块实现收发功能。常用的2.4GHz无线通信模块，又称为接收机，如图6-7所示。其具有开机自动扫频功能，共有50个工作信道，可以同时供50个用户在同一场合同时工作，无须使用者人工协调、配置信道。并且接收单元和遥控器单元具有一键自动对码功能，数字地址编码容量大，可避免地址重复。

遥控器介绍

图6-7　2.4GHz无线通信模块

任 务 核 验

思考题

1. 说出6个无人机用的无线电遥控器的名字。

2. 简述无线电遥控器天线的作用。

3. 一款遥控器可以使用多个频段吗，为什么？

4. 列举三种使用霍尔 IC 传感遥杆的无线电遥控器。

5. 总结无线电遥控器在无人机系统中的作用。

学习任务 2　无人机数据通信链路的认知

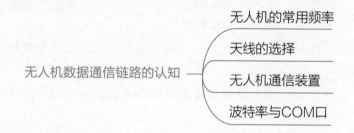

知识目标

1. 学习无人机的常用频率。
2. 学习无人机的常用天线。
3. 学习无人机上常用的通信装置。
4. 思考数据链路还需要包含哪些内容。

任务描述

　　无人机数据通信链路是无人机系统的重要组成部分，是无人机与地面系统联系的纽带。在无人机系统中，除了有线的数据传递，还有无线的数据传递。随着机载任务设备的不断完善和增加，地面终端与机载平台之间的数据交互量也在逐步提高，所以一条可靠、稳定的数据传输链路是非常重要的。本次任务主要学习无人机的无线数据通信链路，从而掌握与数据通信链路相关的知识。

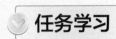

任务学习

相关知识点1：无人机的常用频率

根据我国工信部对无人驾驶航空器使用频段的规定，划出 840.5~845MHz、1430~1444MHz 和 2408~2440MHz 频段用于无人驾驶航空器系统。

（1）840.5~845MHz　该频段可用于无人驾驶航空器系统的上行遥控链路。其中 841~845MHz 也可采用时分方式用于无人驾驶航空器系统的上行遥控和下行遥测链路。

（2）1430~1444MHz　该频段可用于无人驾驶航空器系统下行遥测与信息传输链路，其中，1430~1438MHz 频段用于警用无人驾驶航空器和直升机视频传输，其他无人驾驶航空器使用 1438~1444MHz 频段。

（3）2408~2440MHz　该频段可作为无人驾驶航空器系统上行遥控、下行遥测与信息传输链路的备份频段。相关无线电台（站）在该频段工作时不得对其他合法无线电业务造成影响，也不能寻求无线电干扰保护。

上述频段的信道配置，所用无线电设备发射功率、发射限值和接收机的邻道选择性应符合相关要求。

频率使用、无线电台（站）设置和所用无线电发射设备应符合国家无线电管理及无人驾驶航空器系统管理有关规定。

关于频段的使用，每个国家的规定都略有不同，所以在不同国家使用的无人机遥控器的频段也不一样。在我国，常采用 2.4GHz 频段，和 WiFi、蓝牙一样。这个 2.4GHz 频段所指的就是 2408~2440MHz 的工作频段，是全世界免申请使用的。

虽然大家都用着 2.4GHz 频段，但是由于采用的协议不同，其传输速率也不相同，所以运用的范围也不同。无人机用的无线电遥控器使用的是 2.4GHz ISM 频段无线协议的一种，不同于 WiFi、蓝牙等有专门的名字，该协议名字就叫 2.4GHz 无线通信协议。

无人机系统中的数传电台常用的频段有 2.4GHz、900MHz、433MHz 三种，而图传电台常用的频段为 5.8GHz、2.4GHz、1.2GHz 三种，如图 6-8 所示。

		频率	功率	传输距离
遥控器	上行	2.4GHz/72MHz/36MHz	20~50mW	1km
图传电台	下行	5.8GHz/2.4GHz/1.2GHz	1W	2km(全向)/10km(定向)
数传电台	上、下行	900MHz/433MHz/2.4GHz	1W	2km(全向)/10km(定向)

图 6-8　无人机常用的频率

相关知识点 2：天线的选择

在无线电设备中，用来辐射和接收无线电波的装置称为天线。天线为发射机或接收机与传播无线电波的媒质之间提供所需要的耦合，是无线电设备的一个重要组成部分。

天线辐射和接收的是无线电波，然而发射机通过馈线送入天线的并不是无线电波，接收天线也不能把无线电波直接经馈线送入接收机，其中必须经过能量转换过程。下面以无线电通信设备为例分析信号的传输过程，进而说明天线的能量转换作用，如图 6-9 所示。

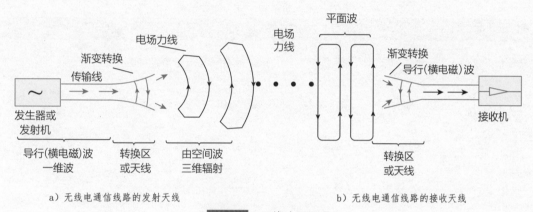

a）无线电通信线路的发射天线   b）无线电通信线路的接收天线

图 6-9 天线功用原理

在发射端，发射机产生的已调制的高频振荡电流（能量）经馈电设备输入发射天线（馈电设备可随频率和形式不同，直接传输电流或电磁波），发射天线将高频电流或导波（能量）转变为无线电波—自由电磁波（能量）向周围空间辐射；在接收端，无线电波（能量）通过接收天线转变成高频电流或导波（能量）经馈电设备传送到接收机。从上述过程可以看出，天线不但是辐射和接收无线电波的装置，同时也是一个能量转换器，是电路与空间的界面器件。

天线原理

无人机系统中所用的天线类型根据天线电磁波发射特点大致可分为全向天线、定向天线。

全向天线是能向 360° 范围发射较强的电磁波的天线，其中最常用的是鞭状天线，如图 6-10 所示。

定向天线可集中向某一个方向进行电磁信号的发射和接收，常见的有八目天线和抛物面天线，如图 6-11 所示。

在使用中，根据用途的不同，所需要使用到的天线也不一样，比如无线电遥控器经常用到鞭状天线，一般数传电台也会使用鞭状天线，穿越型无人机的图传眼镜会使用蘑菇头状天线等。无人机常用天线与配套设备见表 6-1。

图 6-10　鞭状天线

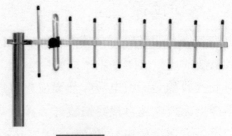

图 6-11　八目天线

表 6-1　无人机常用天线与配套设备

名称	类型	方向图	增益大小	布置方式	连接设备
鞭状天线	全向	苹果型	2~6DBI	与通信方向垂直	连接遥控器、机载数传
蘑菇头、三叶草、四叶草天线	全向	柿子饼型	5~10DBI	与通信方向垂直	机载图传、地面图传
八木、平板、螺旋天线	定向	30° 圆锥体 方向	8~18DBI	与通信方向同向	远距离地面图传、数传
抛物型天线	定向小范围	手电筒光型 方向	20DBI 以上	与通信方向同向	远距离地面图传、数传

相关知识点 3：无人机通信装置

无人机通信链路的主要功能是建立一个空地双向数据传输通道，作为在无人机飞行过程中，连接飞行器平台与地面指挥操控人员与设备的信息桥梁。其基本功能是传递地面遥控指令，接收无人机的飞行状态信息以及传感器的数据。

一般数据链路会有两条：上行数据链路主要包括地面控制站向无人机的飞控下达飞行指令、向导航系统下达航迹指令、向任务设备下达操作指令等，这些指令经过压缩加密后发往无人机；下行数据链路主要包括无人机向地面端传输实时飞行数据、任务设备拍摄的图片、视频数据等，同样也需要经过压缩加密后传给地面端。

数传链路的传输装置称为数传电台，如图 6-12 所示，它是飞控不可或缺的重要组成部分，其性能也会直接影响无人机的性能。数传电台一般分为地面端和天空端两部分，其中地面端用来连接地面站，天空端安装在无人机上连接飞控。常用的无人机数传电台有 2.4GHz、900MHz、433MHz 三种频段。

图 6-12　数传电台

可靠的数据交换、高速率的数据传输是衡量一个数传电台优劣的标准，但要选择合适的数传电台，就需要比较很多参数，如传输距离、所用频段、功率等。常用无人机数传电台的参数对比见表 6-2。

表 6-2　常用无人机数传电台的参数对比

型号	工作电压 /V	频率 /MHz	功率 /W	通信距离 /km	重量 /g	数据格式
DIGI XTend XT09-SI-NA	3.3	902~928	1	64	15	透传 /mavlink/ 兼容 APM/ PixHawk
3DR Radio	3.3	433/915	0.5	5k	25	透传 / 兼容 APM/PixHawk
P400-840-OEM	3.3	840.5~845	2	100	6	透传 /mavlink/ 兼容 APM/ PixHawk
Link800	3.3	840.5~845	2	100	5	透传 / 兼容 APM/PixHawk 支持数据格式定制
P900-OEM	3.3	902~928	1	50	5	透传 /mavlink/ 兼容 APM/ PixHawk
N920-OEM	3.3	902~928	1	60	25	透传 /mavlink/ 兼容 APM/ PixHawk

图传链路的传输装置称为图传电台，如图 6-13 所示，它是无人机获得图像的必要
装置。图传是一条下行链路，所以图传装置一般只有一个天空
端用来发射信息，一个接收端用来接收信息。但随着技术的发展，
人们把遥控器和接收装置合为一体，并把接收机与图传装置合
为一体，只需一套图传装置便能同时进行无人机的操控和图像
的接收，操作装置大大简化。

图 6-13　图传电台

相关知识点 4：波特率与 COM 口

波特率（BaudRate）是指模拟线路信号的速率，也称调制速率，以波形每秒的振
荡数来衡量。如果数据不压缩，波特率等于每秒钟传输的数据位数，如果数据进行了压
缩，那么每秒钟传输的数据位数通常大于调制速率。波特率是指数据信号对载波的调制
速率，它用单位时间内载波调制状态改变的次数来表示。

每秒钟通过信道传输的信息量称为位传输速率，简称比特率。比特率表示有效数据
的传输速率。

串行通信端口（Cluster Communication Port）即 COM 口，简称串口。微机上的
串口通常是 9 针，也有 25 针的接口，最大传输速率 115200bit/s。

在与外界通信设备的连接中，不同的设备会接在不同的 COM 口上，所以在我们使
用数传电台的时候需要选择电台所接入的 COM 口才能进行通信。

任 务 核 验

思考题

1. 接收机上的天线属于什么天线？

2. 如何选择合适的数传电台？

3. 拓展了解 OSD（屏幕示控系统）图传设备。

学习任务 3　Mission Planner 地面站软件的认知

飞行模式　　　　　模拟界面　　　　　　　　　　　　　　开源软件——Misson
Planner地面站

扩展调参　　　　配置/调试区域　　　Mission Planner　　飞行数据界面介绍
地面站软件的认知

全部参数表　　　初始设置区域　　　　　　　　　　　　　飞行计划界面介绍

知识目标

1. 学习并了解 Mission Planner 地面站软件的使用。
2. 掌握 Mission Planner 地面站的飞行计划区域认识。
3. 了解 Mission Planner 地面站 PID（比例积分微分）参数的调试。
4. 拓展研究其他类型的开源地面站软件或商业地面站软件。

任务描述

在飞控系统模块中，介绍了关于使用 APM 固件的飞控在 Mission Planner 地面站上的基本调试，但对于 Mission Planner 地面站软件本身没有做太多的讲解，所以本次学习任务主要对 Mission Planner 地面站进行学习。

任务学习

相关知识点 1：开源软件——Misson Planner 地面站

Misson Planner 简称 MP，是在 Windows 平台运行 APM/PixHawk 飞控的一款专属地面站。它也是一款完全开放源码的地面站，具有多样性、多能性、全面性和很强的用户交互能力，其主要功能见表 6-3。

表 6-3　MP 地面站的主要功能

序号	功能
1	对 APM/PixHawk 进行固件烧录
2	安装、配置和优化参数
3	规划航点任务，可以使用 Google 地图或者其他地图
4	下载和分析飞行日志
5	使用专用的 PC 飞行模拟软件接口，进行硬件模拟飞行
6	连接一个遥测数传，可以： • 实时监控飞行器状态 • 记录、查看和分析遥测日志 • 在 FPV 中操作无人机（第一人称视角）

在界面上，MP 地面站主要有 4 个板块，如图 6-14 所示。

第 1 板块显示软件版本号，连接飞控后，会同时显示飞控的软件版本号；第 2 板块为主要功能选项区域，可进行飞行控制、飞行计划、初始设置、配置调试和模拟飞行等界面的选择；第 3 板块主要显示当前连接的 COM 口、波特率、连接确认按钮等，用来进行飞控与地面站的连接；第 4 板块为功能显示区，根据不同的功能选项对应不同内容。

MP 界面介绍

相关知识点 2：飞行数据界面介绍

飞行数据界面如图 6-15 所示，分为 3 个区域，分别为飞行状态区域、功能显示区域和地图显示区域。

（1）飞行状态区域　飞行状态区域显示了无人机在飞行中的姿态、速度、GPS 和传感器状态等信息，在飞行中可以依据该区域的数据显示来

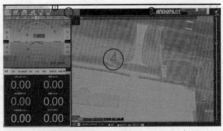

图 6-14　MP 地面站窗口

图 6-15　飞行数据界面

判断无人机当前的姿态和运行状况，如图 6-16 所示。

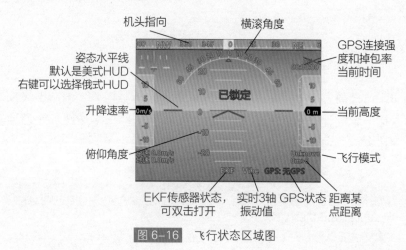

图 6-16　飞行状态区域图

（2）功能显示区域　功能显示区域可以进行自定义设置页面要显示的内容，用户可在功能菜单栏（见图 6-17）右键单击，

勾选""，将会弹出显示选项窗口，如图 6-18 所示，单击可以勾选或删除相应的显示窗口。

图 6-17　功能菜单栏

对于本区域，主要介绍快速显示窗口、动作控制栏、起飞前检查窗口和数据闪存日志窗口。

1）快速显示窗口。如图 6-19 所示，在快速显示窗口中，可以看到界面中主要显示了高度、地速、航点距离、偏航、升降速度和 DistToMav（无人机离家的距离）6 个参数信息。

图 6-18　显示选项窗口

图 6-19　快速显示窗口

此时如果需要显示更多的无人机参数，可以在显示栏单击鼠标右键设置要显示的行和列数，如图 6-20 所示。

图 6-20　行列设置

　　然后双击想要设置的显示区域，将会弹出参数选择区域，如图 6-21 所示，选择想要显示的参数即可。

图 6-21　参数选择区域

　　2）动作控制栏。动作控制栏如图 6-22 所示，主要对无人机进行实时的模式切换、航点切换、任务控制、动作变化，以及高度、速度、航点半径的改变等。

　　动作控制栏中，在进行动作命令的切换时，需要先单击要切换的命令，命令界面如图 6-23 所示，然后单击执行动作才能开始执行命令，如果无人机还未起飞，需要先进行解锁设置。

　　注意：无人机先执行命令后解锁容易出现解锁即起飞的情况，要特别注意安全。

图 6-22　动作控制栏

图 6-23　命令界面

①设定航点功能可以让无人机跳过接下来的航线直接前往某一航点，并执行相应的任务命令，如图 6-24 所示。

②设置模式功能可以更改无人机当前的飞行模式，如图 6-25 所示。

③设置挂载功能可以通过更改命令进行不同的挂载设置，如图 6-26 所示。

图 6-24　设定航点　　　图 6-25　设置模式　　　图 6-26　设置挂载

④ Change Speed 可以进行当前巡航速度的更改控制，如图 6-27 所示。

⑤ Change Alt 可以进行当前高度的更改控制，如图 6-28 所示。

⑥ Set Loiter Rad 可以进行当前无人机航点半径的修改，如图 6-29 所示。

图 6-27　设置巡航速度　　　图 6-28　设置当前高度　　　图 6-29　设置当前航点半径

对于动作控制界面的其他设置，根据名称都可以有所理解，所以这里就不再详细介绍。

3）起飞前检查窗口。起飞前检查窗口如图 6-30 所示，此界面可以帮助新手检查和判断无人机是否能满足飞行条件，比如 GPS 卫星数量提示、电压提示等。若条件不满足会显示红色，通过为绿色。还可以通过"EDIT"按钮，编辑相关提示选项和阈值。不过由于目前 ArduPilot 固件越来越完善，飞控本身会进行本地自检，如果自检不通过将无法解锁，所以该功能区可以忽略。

4）数据闪存窗口。数据闪存日志窗口如图 6-31 所示，在此窗口中可以进行下载飞控的闪存日志等。

①通过 Mavlink 下载闪存日志：可以通过 USB 下载机载 SD 卡记录的飞行日志（如果日志过大，建议直接取下 SD 读取日志）。

②回顾日志：可以打开闪存日志进行详细的分析。

③自动分析：使用程序自动分析功能自动分析闪存日志，直接得出分析结果，可以

很明了查看飞行器的振动值、罗盘等数据是否健康达标。

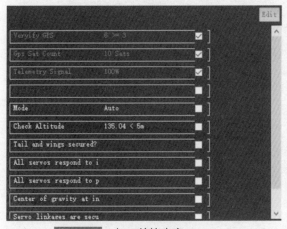

图 6-30 起飞前检查窗口

图 6-31 数据闪存日志窗口

（3）地图显示区域 地图显示区域如图6-32所示，可以显示无人机的当前指向、直达当前航点方向、目标指向和GPS追踪指向，这些信息会在无人机飞行时，实时显示在无人机的位置上，以供观察无人机飞行时运动轨迹和预判是否运行正常。

图 6-32 地图显示区域

除指向信息外，此区域还显示GPS信息，在窗口下方可以进行经纬度信息的模式切换。右键单击地图显示区域，出现可选择飞行至此、飞行至此高度、设置家在此等功能。

相关知识点3：飞行计划界面介绍

MP地面站飞行计划界面如图6-33所示，共包括了航线规划区、航点命令区和航线功能区。

图 6-33　飞行计划界面

（1）航线规划区　航线规划区位于飞行计划界面的中心位置，其范围可以调整。在航线规划区内单击鼠标左键，便会生成航点，多个点组合起来的连线便是航线。在航线规划区内单击右键，将出现功能选项，如图 6-34 所示，可以选择插入航点、设定多边形航线、清除任务等功能。在航线规划区的左上方显示航线距离、与上一点的距离和角度以及与离家之间的距离，如图 6-35 所示。

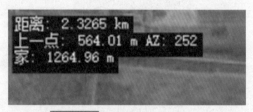

图 6-34　功能选项　　　　图 6-35　航线信息显示

（2）航点命令区　在航线规划区域下方是航点命令区，如图 6-36 所示。在航点命令区可以为每一个航点设置动作命令、高度等。航点命令区上部能进行航线的航点半径、盘旋半径（多旋翼无此项设置）和默认航线高度设置。菜单栏分别是航点序号、航点命令、命令值、经纬度、航点高度、删除航点、移动航点、坡度、角度、距离和方位。通过设置这些参数，对每个航点进行规划，才能使无人机飞行得安全、稳定。

图 6-36　航点命令区

航点的命令分为导航命令和条件命令。导航命令用于控制无人机的运动，包括起飞、到达和绕过航路点以及着陆；条件命令控制"DO"命令的执行，例如，条件命令可以阻止基于时间延迟的"DO"命令执行，直到无人机处于某个高度或距下一个目标位置指定距离为止。以下对两种命令分别进行讲解。

1）导航命令：

① WAYPOINT：导航到指定位置，可以理解为到达这里。

② TAKEOFF：起飞，应该为航线中的第一个命令。

③ LOITER_UNLIM：不限时悬停在指定位置（在此位置盘旋）。

④ LOITER_TURNS：在指定的位置盘旋（圈出）指定的圈数。

⑤ LOITER_TIME：在指定的位置悬停（盘旋）指定时间。

⑥ RETURN_TO_LAUNCH：返回家的位置。

⑦ LAND：在该航点位置降落。

⑧ SPLINE_WAYPOINT：使用样条路径导航到目标位置。

⑨ GUIDED_ENABLE：启用 GUIDED 模式可将控制权移交给外部控制器。

注意：在命令中，导航命令具有最高优先级，加载导航命令时即使存在尚未执行的条件命令也会被跳过。

2）条件命令：

① DO_JUMP：跳转到任务列表中的指定命令。可以在继续执行任务之前将跳跃命令重复指定的次数，也可以无限期重复该跳跃命令。

② MAV_CMD_CONDITION_DELAY：到达航路点后，将下一个条件"DO"命令的执行延迟指定的秒数（例如 MAV_CMD_DO_SET_ROI）。

③ MAV_CMD_CONDITION_DISTANCE：延迟下一个"DO"命令的启动，直到无人机在下一个航点的指定米数之内。

④ DO_CHANGE_SPEED：更改无人机的目标水平速度和 / 或油门。更改将一直使用，直到再次明确更改或重新启动设备为止。

⑤ DO_SET_HOME：将原位置设置为当前位置或命令中指定的位置。对于 SITL 工作，此处的高度输入需要参考绝对高度，并考虑 SRTM 高度。

⑥ MAV_CMD_DO_SET_CAM_TRIGG_DIST：以固定的距离间隔触发相机快门。

⑦ DO_PARACHUTE：触发降落伞的任务命令。

3）航线功能区　航线规划区域右方一侧是航线功能区，如图6-37所示。在此界面最上方可以调整地图坐标信息的显示格式和地图的显示样式；中部是航点文件加载区，可以添加提前画好的航点数据，也可以保存目前的航点文件；下部主要进行航点的重新读取和把航点写入到飞控中，在起始位置处可以通过直接填写经纬度进行起始点设置。

图 6-37　航线功能区

相关知识点 4：初始设置区域

单击初始设置选项，即进入到无人机的初始设置界面，如图6-38所示。左边区域为功能选项区，可以进行安装固件的选择、必要的硬件设置、可选的硬件设置以及遥测数据设置；右侧为功能显示区，会根据不同的功能选项，显示不同的功能内容。

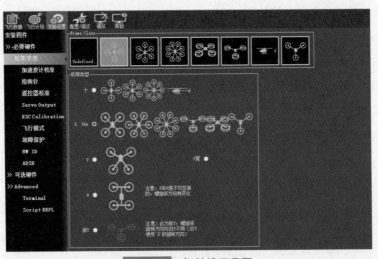

图 6-38　初始设置界面

相关知识点 5：配置 / 调试区域

配置 / 调试区域主要负责无人机飞控的参数调试，如图 6-39 所示。此区域可对飞行模式、地理围栏、基本调参、扩展调参、标准参数、高级参数以及全部参数进行设置。

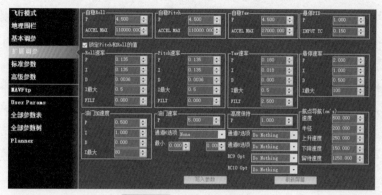

图 6-39　配置 / 调试区域

1. 飞行模式

飞行模式　界面如图 6-40 所示，可以进行无人机飞行模式的设置。

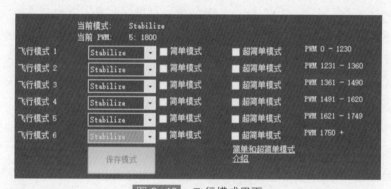

图 6-40　飞行模式界面

本书所用多旋翼无人机飞控里一共内置 24 个飞行模式，如图 6-41 所示，下面讲解 9 个常用的飞行模式。

图 6-41　飞行模式

（1）Stabilize（增稳模式）　飞手可以使用 Roll（横滚）与 Pitch（俯仰）操作控制无人机的倾斜角度。但当飞手松开 Roll 与 Pitch 摇杆时，无人机将会自动恢复水平状态。在有风的环境中，飞手需要不断地修正 Roll 与 Pitch 以让无人机定点停留。飞手用 Yaw（偏航）操作控制转向速率。当飞手松开 Yaw 摇杆时，无人机将会保持它的朝向不变。飞手的油门输入控制电动机的平均转速，这意味着如果想保持高度，需要不断地修正油门。油门输入会根据无人机的倾斜角度自动调整（比如在无人机倾斜过大的时候油门会自动增大），以弥补飞手操作无人机倾斜所带来的高度变化。这种模式近似于大疆无人机的姿态模式。

（2）AltHold（定高模式/高度保持模式）　高度保持模式启用时，油门会自动控制以保持当前的高度，横滚 Roll、俯仰 Pitch、方向 Yaw 的操作是和 Stabilize 增稳模式一样的。

（3）Loiter（悬停模式）　悬停模式打开后，飞行器会自动保持当前位置、方向和高度。如果存在 GPS 定位、罗盘干扰、振动都会直接影响悬停效果，近似于大疆无人机的 GPS 模式。飞手可以通过给控制杆施加量控制无人机的水平位置和垂直高度的变化。

（4）RTL（Return-to-Launch）（返航模式）　在返航模式下，无人机会从当前位置飞到起飞点上方悬停。一般来说切换到返航模式时，无人机会首先飞到至少 15m 的高度（此高度可进行更改），然后飞到起飞点的上方。

（5）Auto（自动模式）　在自动模式下，无人机按照内部的任务脚本控制它的动作，任务脚本可以是一组航点，也可以是非常复杂的动作，如起飞、旋转、照相等，也可以是航点与动作的组合。自动模式依赖于 GPS，因为任务脚本依靠 GPS 获得位置信息，所以在解锁和起飞之前必须让 GPS 先定位。

（6）Circle（绕圈模式）　当绕圈模式启动时，无人机会开始以 10m 为半径绕圈飞行，机头朝向中点。绕圈的半径可通过修改"CIRCLE_RADIUS"参数进行控制，以"m"为单位。将"CIRCLE_RADIUS"设为"0"，飞行器就会简单地待在原位并缓慢旋转（可用于全景摄像）。模型的速度[以（°）/s 为单位]可通过改变"CIRCLE_RATE"参数修改，正值意味着顺时针旋转，负值意味着逆时针旋转。飞手不能控制 Roll 和 Pitch，但可以通过油门摇杆改变高度，就像在定高和悬停模式一样。飞手可以控制无人机的 Yaw，自动驾驶仪不会重新获得 Yaw 的控制权，直到绕圈模式再次启动。在任务中，使用任务命令"LOITER_TURNS"调用绕圈模式。在固定翼无人机里，常使用这个模式，也称为盘旋模式。

（7）简单模式　简单模式可以进行单独设置，也可以和其他模式配合使用（Acro 和 Drift 模式）。类似于大疆无人机的航向锁定模式，这种模式下无人机不论当时航向多少，之后的飞行方向都会和解锁时的机头方向一致。相当于建立了一个飞行坐标系，X 轴正方向为水平向右，Y 轴正方向为水平向前，当无人机处于航向锁定状态时，无论机头朝向哪边，无人机对遥控信号的响应如下：

①控制无人机向右飞行时，飞行方向与 X 轴正方向一致。

②控制无人机向前飞行时，飞行方向与 Y 轴正方向一致。

（8）超级简单模式　超级简单模式类似于大疆无人机的返航点锁定模式，与简单模式类似，不过不是锁定无人机的航向，而是将无人机锁定为"Home"点的方向，这样不管无人机在哪，在朝着那个方向，飞手使 Pitch 操控杆向后拉时，无人机都能返回"Home"点。

（9）PosHold（定点模式）　定点模式与悬停模式类似，可以让无人机保持一个固定的位置、指向、高度，但通常更受欢迎，因为飞手摇杆输入直接控制载具的倾斜角度，能提供更"自如"的感觉。

2. 扩展调参

扩展调参界面如图 6-42 所示，可以进行无人机横滚、俯仰、升降和偏航 4 个通道的 PID 调节，使无人机飞行得更加稳定。

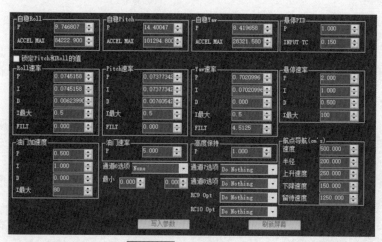

图 6-42　扩展调参界面

PID 控制被广泛应用于工业过程控制。目前，主流的几款开源飞控，无一例外都采用 PID 控制算法来实现无人机的姿态和轨迹控制，使其飞行更加平稳。

在 PID 控制器的参数设定中，涵盖了动态控制过程中过去、现在、将来的主要信息。

比例（P）代表了当前的信息，起纠正偏差的作用，使过程反应迅速，但系统输出存在稳态误差。

积分（I）代表了过去积累的信息，它能消除静差，改善系统的动态特性。

微分（D）在信号变化时有超前控制作用，代表将来的信息。在过程开始时强迫过程进行，过程结束时减少超调，克服振荡，提高系统稳定性，加快系统的过渡过程。

在实际中，关于 PID 的调整，我们总结了一套口诀：

参数整定寻最佳，从小到大顺次查。

先是比例后积分，最后再把微分加。

曲线振荡很频繁，比例系数要放大。

曲线漂浮绕大弯，比例系数往小扳。

曲线偏离回复慢，积分时间往下降。

曲线波动周期长，积分时间再加长。

曲线振荡频率快，先把微分降下来。

动差大来波动慢，微分时间应加长。

理想曲线两个波，前高后低 4 比 1。

PID 控制系数的调整是一个反复且复杂的事情，所以在 APM 和 PixHawk 飞控里加入了自动调参（AutoTune）功能。自动调参要根据相应的步骤进行，在高级调试中会有介绍。

对于一个纯新手，可以不用调节 PID 控制系数，使用飞控默认的 PID 值即可。

3. 全部参数表

全部参数表界面如图 6-43 所示，此界面显示了无人机飞控中所有的可调试参数，一些在其他界面中未显示的参数都可以在全部参数表中找到并进行设置。在全部参数表中，通过根据描述对命令设置可以输入的选项值，来调试无人机的功能。该功能较为复杂，如果非必要，请勿进行修改。

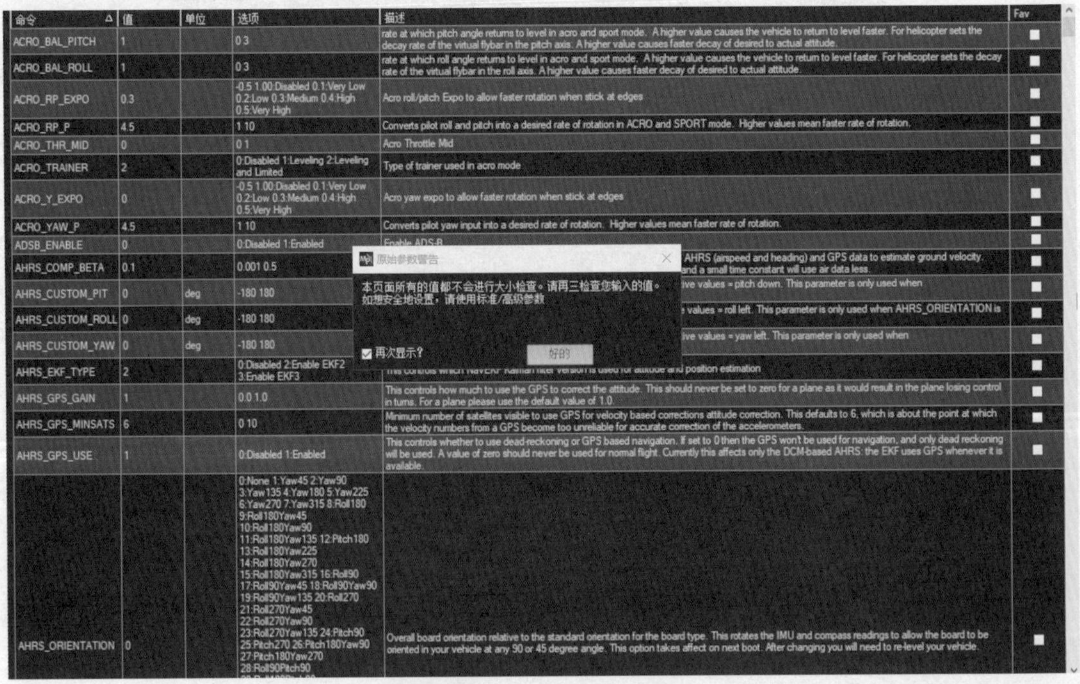

图 6-43　全部参数表界面

相关知识点 6：模拟界面

　　MP 地面站的模拟界面如图 6-44 所示，主要功能为进行各种机型无人机的飞行场景模拟。进行场景模拟需要先进行无人机机型的选取，然后进行无人机结构类型的选择，即可进入虚拟飞控模拟的 MP 地面站界面。在此界面可以进行航线的预规划，航点命令或无人机飞行模式的模拟练习等模拟操作。

图 6-44　MP 地面站的模拟界面

任 务 核 验

思考题

1. 初始设置界面在连接飞控前后有什么区别？

2. 进行一架四旋翼 X 形无人机的模拟需要怎么做？

实训任务 1　模型选择

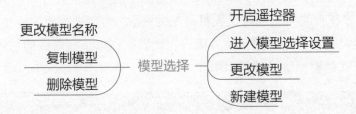

更改模型名称
复制模型
删除模型
模型选择
开启遥控器
进入模型选择设置
更改模型
新建模型

技能目标

1. 学习模型的基本设置。
2. 掌握模型的选择、添加、删除和复制等操作。
3. 掌握模型的命名操作。
4. 能够自行进行模型设置。

任务描述

作为一名无人机小白，当我们第一次拿到遥控器时是不是立刻就想去控制无人机进行空中翱翔？那个崭新的遥控器在与无人机进行连接的时候不需要进行设置就能飞行吗？遥控器对多旋翼无人机和固定翼无人机的设置有区别吗？能统一控制吗？带着这些问题进行本实训任务的学习，来了解如何对一个全新的遥控器进行设置，以匹配无人机。

任务实施

一般来说，一个遥控器在与无人机匹配时，需要先建立一个新模型，然后设置无人机的类型，并设置模型名称。在一些遥控器中，不同的模型会对应不同的功能选项，所以模型的选择是必需的。本次任务以 Futaba T14SG 遥控器为例，讲解这些流程。

1. 开启遥控器

开启 Futaba T14SG 遥控器时，需要先把油门操纵杆放置在最低位。若打开电源时，油门操纵杆的位置位于高位（和油门熄火动作一样，1/3 以上）则会出现警告提示，如图 6-45 所示，此时将油门操纵杆拉到最后一格内，警报即可解除。

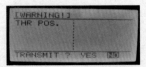

图 6-45　油门位置警告提示

如果确定油门位置处在最低位，但是依然有警告提示，可以在下方的"是否发射信号"提示选择"YES"，按"RTN"键确认。

2. 进入模型选择设置

打开遥控器后，需要先进行无人机模型的建立。模型建立一共有两个入口，一个是通过显示界面的模型名称单击"RTN"键进入"MODEL SEL"模型选择设置，如图 6-46 所示；另一种是双击"LNK"键进入关联菜单，选择"MODEL SEL"选项，进入模型选择设置，如图 6-47 所示。

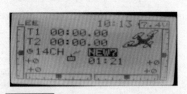
图 6-46　显示界面进入模型选择

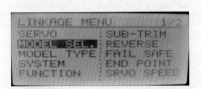
图 6-47　关联菜单进入模型选择

3. 更改模型

1）进入模型选择菜单后，可以看到包括正在使用的模型在内的、遥控器中所储存的模型数据。如果遥控器装有内存卡，通过移动光标可选择保存位置（"TX"或"CARD"），查看对应保存位置的模型，如图 6-48 所示。

2）将光标移动到想要选择的模型位置，按下"RTN"键会进入模型界面，如图 6-49 所示。

3）将光标移动到"SELECT"选项上按下"RTN"键，屏幕会出现图 6-50 所示提示，再次长按"RTN"键 1s，便可更换为此模型。

图 6-48　查看模型

图 6-49　模型界面

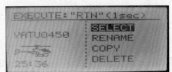
图 6-50　确认选择

4. 新建模型

1）进入"MODEL SEL"菜单，移动光标到"NEW"处，按下"RTN"键，此时屏幕界面如图 6-51 所示。

2）长按"RTN"键 1s，进入模型类型选择界面，如图 6-52 所示，共有固定翼、滑翔机、直升机和多旋翼类型可选。

注意：固定翼和滑翔机需要选择副翼和尾翼的舵机配置，直升机需要选择倾斜盘和舵机设置，多旋翼无须选择。

3）选择好类型后进入系统设置界面，如图6-53所示，选择好系统模式后，与接收机进行对频。

注意：即使使用同一个接收机，新的模型也需要进行对频。

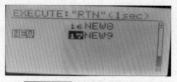

图6-51 新建模型界面

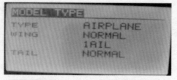

图6-52 模型类型选择界面

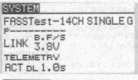

图6-53 系统设置界面

5. 删除模型

1）进入模型选择菜单之后，移动光标选择想要删除的模型，按下"RTN"键。

2）在此模型界面，移动光标选择"DELETE"选项，按下"RTN"键，如图6-54所示。

图6-54 删除模型

3）再次长按"RTN"键1s，即可删除模型。中途如须取消操作，可滑动触摸键或者单击"S1"键。

6. 复制模型

1）移动光标到模型保存位置"TX"处或"CARD"处，按下"RTN"键，滑动光标选择想要保存的位置，并按"RTN"键确认。

2）移动光标选择想要复制的模型，按下"RTN"键。

3）移动光标至"COPY"处，按下"RTN"键确认。

4）如果想要更改保存位置，将光标移动至保存位置处，按下"RTN"键进入输入模式，滑动触摸传感键面板选择保存位置，并按下"RTN"键确认。

图6-55 复制模型

5）将光标移动到"COPY"选项上，按下"RTN"键，屏幕出现提示，如图6-55所示，然后按住"RTN"键1s，即可开始复制。

7. 更改模型名称

1）首先选择模型的保存位置，移动光标选择想要更改名称的模型。

2）进入模型界面以后，移动光标到"RENAME"位置处，并按下"RTN"键确认。

3）进入到命名设置界面，如图6-56所示，功能解释如图6-57所示。

・在模型名称上移动光标
　选择 [←] 或 [→] 后按 RTN 键可以移动光标。
・删除文字
　选择 [DELETE] 后按 RTN 键，可以删除光标后面的一
个字节。
・添加文字
　在文字列表中选择需要添加的文字并按下 RTN 键，这
个字就会添加在光标后面的位置。
* 文字列表共有 3 页，按 S1 键即可进行翻页。
* 模型名称最多可设置 10 个字节（空格也按 1 字节计算）。

图 6-56　命名设置　　　　　　图 6-57　功能解释

4）输入模型的名称后，选择"ENTER"选项，按"RTN"键确定。如果在输入过程中想要终止，可直接单击"S1"键或选择"DELETE"并按"RTN"键退出。

5）返回上一级界面，可直接单击最上方的模型选择选项。

任 务 核 验

一、思考题

1. 模型选择菜单共有几个选项？

2. 没有装存储卡的遥控器可以用吗？

二、练习

请完成活页式工作手册项目 6 中的实训任务 1。

实训任务 2　模型类型选择

模型类型选择 ── 固定翼无人机/滑翔机模型类型选择
　　　　　　　　无人直升机模型类型选择
　　　　　　　　多旋翼无人机模型类型选择

技能目标

1. 掌握固定翼无人机和滑翔机的主翼类型和尾翼类型的选择方法。
2. 掌握无人直升机和多旋翼无人机的倾斜盘类型的选择方法。

3. 能不依靠课本，自行调整无人机的类型。

任务描述

模型类型的选择可以在固定翼无人机、无人直升机、滑翔机和多旋翼无人机之间进行。根据自己的无人机，选择合适的模型类型，可以使用最适合的混控功能。

任务实施

选择适合的模型类型，可以更好地利用遥控器的功能。在本任务中，将对 FUTABA T14SG 遥控器的模型类型菜单进行了解，同时学到固定翼无人机、滑翔机以及无人直升机的类型。

1. 固定翼无人机 / 滑翔机模型类型选择

1）双击触摸传感键面板上的"LNK"键，在关联菜单中找到"MODEL TYPE"选项，按下"RTN"键进入模型类型菜单界面，如图 6-58 所示。

图 6-58　模型类型菜单界面

2）模型类型菜单中的选项分别是：

① 类型（TYPE）：模型类型。

② 主翼（WING）：主翼类型（固定翼无人机 / 滑翔机）。

③ 尾翼（TAIL）：尾翼类型（固定翼无人机 / 滑翔机）。

④ 倾斜盘（AWASH）：倾斜盘类型（无人直升机）。

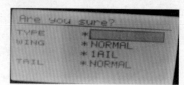

图 6-59　选择确认界面

3）滑动光标，在模型类型选项中选择"AIRPLANE/GLTDER"，并按"RTN"键确认。此时屏幕会进入选择确认界面，如图 6-59 所示。

4）滑动光标，在主翼"WING"类型中选择相对应的主翼类型。主翼类型分为两大类，

●主翼类型（带尾翼）

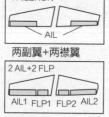

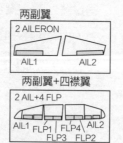

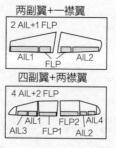

图 6-60　带尾翼主翼类型

第一类为带尾翼类型，主要有一副翼、两副翼、两副翼一襟翼、两副翼两襟翼、两副翼四襟翼和四副翼两襟翼六种类型，如图 6-60 所示。

第二类主翼类型为无尾翼机，共分为两副翼、两副翼一襟翼、两副翼两襟翼、两副翼四襟翼、四副翼两襟翼五种类型，如图 6-61 所示。滑动光标在主翼"WING"选项中进行选择。

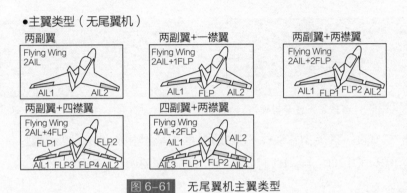

图 6-61　无尾翼机主翼类型

5）选择好带尾翼的主翼类型后，滑动光标到"TAIL"选项中，会出现相对应的尾翼类型，共有正常型、V 形、升降舵型三种，所对应的英文选项如图 6-62 所示。

图 6-62　尾翼类型

6）与无尾翼机对应的方向舵类型有正常型和翼梢小翼型两种，如图 6-63 所示。

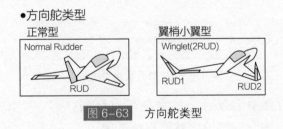

图 6-63　方向舵类型

7）在完成主翼类型和尾翼 / 方向舵类型的选择后，将光标移动到"YES"选项上并按住"RTN"键 1s 完成模型选择。

注意：固定翼 / 滑翔机在进行模型类型更改后，之前所做的其他设定也将被清除。如须保存数据，请提前进行模型复制后更改或重新建立模型。

2. 无人直升机模型类型选择

1）双击触摸传感键面板上的"LNK"键，在关联菜单中找到"MODEL TYPE"选项，按下"RTN"键进入模型类型菜单界面，滑动光标选择"HLICOPTER"选项，如图6-64所示。

2）按下"RTN"键，进入确认界面，如图6-65所示。

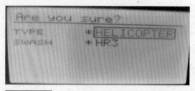

图 6-64　选择无人直升机模型

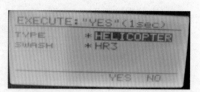

图 6-65　无人直升机模型确认

3）在下方的倾斜盘类型"SWASH"选项框中选择相应的倾斜盘类型，一共有H-1、H-4、HE3、HR3（120°）、H-3、H-4X六种可以选择，如图6-66所示。

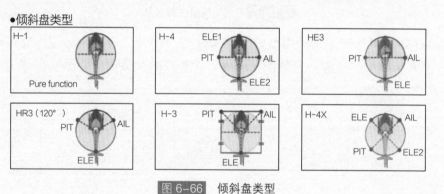

图 6-66　倾斜盘类型

4）与固定翼和滑翔机不同的是，当倾斜盘类型在相应的组合（见图6-67）中进行变更时，除倾斜盘以外的数据可以保留。

```
（倾斜盘类型组合）
组合 A：H-1、H-3、HR3、HE3
组合 B：H-4、H4X
```

图 6-67　倾斜盘类型组合

5）当在相应的组合中更改时，如果想保留数据，需在"RESET"选项中选择"OFF"，如果选择"ON"，则设定数据会被重置。

6）设置好相应的类型后，将光标移动到"YES"选项上并长按"RTN"键1s完成模型选择。

3. 多旋翼无人机模型类型选择

1）双击触摸传感键面板上的"LNK"按键，在关联菜单中找到"MODEL TYPE"

选项,按下"RTN"键进入模型类型菜单界面,滑动触摸传感键面板选择"MULTIROTOR"选项，如图6-68所示。

2）按下"RTN"键，进入确认界面，如6-69所示。

图 6-68　选择多旋翼模型

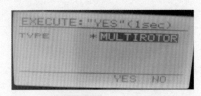

图 6-69　确认选择

3）由于多旋翼类型的特殊性，所以没有其他选项可供选择，滑动光标到"YES"选项，长按"RTN"键1s，完成模型选择。

任 务 核 验

一、思考题

1.固定翼无人机有几种机翼类型？几种尾翼类型？

2.当不选择某一类型的时候需要选择哪个选项？

3.直升机的倾斜盘类型还有哪些？

二、练习

请完成活页式工作手册项目6中的实训任务2。

实训任务 3   系统设置

技能目标

1. 掌握遥控器各个模式的区别。
2. 学会选择合适的遥控器模式。
3. 学会 FUTABA 接收机的对频方式。
4. 能自行设置遥控器模式并对频。

任务描述

在本项目实训任务 1 中新建模型部分提到在新建模型的步骤最后，会进入系统设置界面，这是因为一个新模型的建立除了模型的类型选择外，还需要有相对应的遥控器模式、接收机数量、地区模式和接收机配对等。在本次任务中，将系统地讲解系统设置中可设置的功能以及这些功能的作用。

任务实施

本次任务实施一共分为系统模式认识、系统模式选择、接收机数量选择、地区模式选择和接收机配对 5 个步骤，其中系统模式选择和接收机配对部分尤为重要，也是本次任务的难点部分。

1. 系统模式认识

FUTABA T14SG 遥控器是 2.4GHz 模式，它的系统模式（通信方式）共有五种可进行选择，分别是 FASSTest 方式的 FASSTest-14CH 模式和 FASSTest-12CH 模式，FASST 方式的 FASST-MULTM 模式和 FASST-7CH 模式，以及 S-FHSS 模式。每一种模式所对应的功能和能使用的通道都有所不同，在选择时不仅要依据实际需求，还要根据所使用的接收机型号选择合适的系统模式。

接收机与系统通信模式的匹配关系如图 6-70 所示，在使用中可查看此图对照相应的模式和接收机型号。

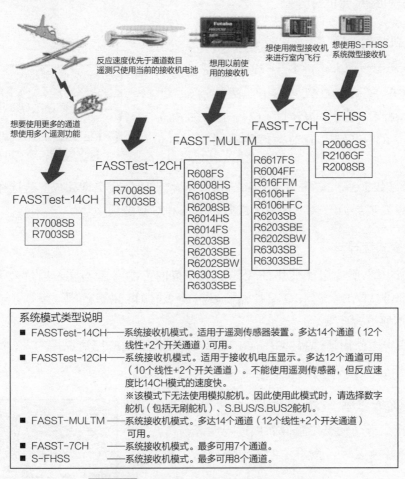

系统模式类型说明

■ FASSTest-14CH——系统接收机模式。适用于遥测传感器装置。多达14个通道（12个线性+2个开关通道）可用。

■ FASSTest-12CH——系统接收机模式。适用于接收机电压显示。多达12个通道可用（10个线性+2个开关通道）。不能使用遥测传感器，但反应速度比14CH模式的速度快。
※该模式下无法使用模拟舵机。因此使用此模式时，请选择数字舵机（包括无刷舵机）、S.BUS/S.BUS2舵机。

■ FASST-MULTM——系统接收机模式。多达14个通道（12个线性+2个开关通道）可用。

■ FASST-7CH　——系统接收机模式。最多可用7个通道。

■ S-FHSS　　　——系统接收机模式。最多可用8个通道。

图 6-70　接收机与系统通信模式的匹配关系

2. 系统模式选择

1）双击触摸传感键面板上的"LNK"键，在关联菜单中找到"SYSTEM"选项，按下"RTN"键进入系统菜单界面，如图 6-71 所示。

2）滑动光标到"FASSTest-12CH"位置上，如图 6-72 所示处，按下"RTN"键，滑动触摸传感键面板可进行系统模式的选择。

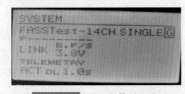

图 6-71　系统菜单界面

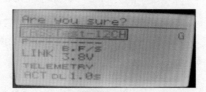

图 6-72　模式选择

3）选择好系统模式后，再次按下"RTN"键，系统模式更改完毕。此时，信号发射会停止，然后以新模式进行发射。

3. 接收机数量选择

在系统模式右侧可进行接收机数量选择，有"SINGLE（单）""DUAL（双）"两种选项。

1）将光标移动到"DUAL"位置上，如图6-73所示，按下"RTN"键，滑动触摸传感键面板可进行数量的切换。

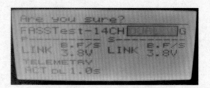

图6-73 接收机数量选择

2）选择好数量后，按下"RTN"键确认，接收机数量变更即完成。若选择"DUAL"选项，则可以发现界面上会出现两个接收机电压和对频选项。

4. 地区模式选择

由于每个国家所规定能使用的无线电频率范围可能有所不同，通过地区模式的选择，可以更改FUTABA T14SG遥控器所发射的2.4GHz频率范围。需要注意的是，如非必要，请不要更改此项。

通常，在中国使用请选择"G"（GENERAL），在法国使用请选择"F"（FRANCE）。

注意：法国对2.4GHz的限定频点范围较"G"窄。

1）将光标移动到"G"位置，如图6-74所示，按下"RTN"键，滑动触摸传感键面板进行地区选择。

2）选择好地区后，按下"RTN"键确认，地区选择完成。

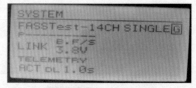

图6-74 地区选择

5. 接收机配对

1）接收机配对首先要在配对列表里确认所用接收机和遥控器的模式是否匹配，确认后保证接收机与遥控器距离在0.5m范围内，以免信号受到影响。

2）进行配对前，请确认周围没有正在发射信号的遥控器，否则可能导致对频错误。同时确认对频的无人机此时没有安装螺旋桨且遥控器的油门处于低位。

3）在"SYSTEM"菜单中，选择使用几个接收机。默认使用一个接收机。

4）此时，界面显示电池的失控保护电压"B.F/S"默认值为3.8V，仅在FASSTest模式中可进行更改。

5）滑动触摸传感键面板到"LINK"选项，如图6-75所示，按下"RTN"键，此时遥控器会发出对频提示音，表示正在进行对频操作。

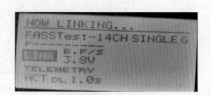

图6-75 对频界面

6）打开接收机电源。接收机电源打开约 2s 后，接收机进入等待配对状态，此时观察接收机的指示灯状态应为红色闪烁。

7）当接收机的指示灯由红色闪烁变为绿色常亮时表示对频完成。

8）操控遥控器遥杆进行动作测试，检查对频是否完成。

任 务 核 验

一、思考题

1. 系统中还有远程遥测功能，它有什么用？

2. 一架无人机需要使用 8 个通道，使用哪些系统模式比较合适？

二、练习

请完成活页式工作手册项目 6 实训任务 3。

实训任务 4　通道相关设置

通道相关设置 ——
- 通道定义设置
- 中立微调
- 通道反向设置
- 通道行程量设置
- 舵机监控

技能目标

1. 掌握无人机遥控器通道定义和通道反向设置。

2. 了解无人机遥控器通道行程量和通道灵敏度设置。

3. 能够自行定义无人机遥控器通道。

4. 思考飞控映射通道和遥控器定义通道的区别。

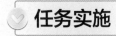 **任务描述**

在使用新遥控器前，经过建立模型、系统模式设置并且与接收机成功对频这些操作之后，还需要进行一些无人机通道的相关设置才能实现对无人机的正确控制。在本次任务中，将通过学习通道定义、通道反向、通道行程量和通道灵敏度等设置，建立对通道相关设置的认知。

任务实施

1. 通道定义设置

通过系统模式设置任务的学习可知，每种模式都对应不同数量的通道，那么所定义的通道自然也不能超过这个数量。

本次通道定义使用 FASSTest-14CH 模式，并遵循 1 副翼、2 升降、3 油门和 4 方向的原则去进行通道定义。

1）双击触摸传感键面板上的"LNK"键，进入关联菜单，在关联菜单中找到"FUNCTION"选项，按下"RTN"键进入系统菜单界面。

2）在 FUNCTION 界面中，每一项都可以进行更改，第一列内容可以更改序号，第二列内容可以更改通道的功能，第三列可以更改由谁控制此通道，第四列可以更改微调开关和动作模式，如图 6-76 所示。

3）滑动触摸传感键面板到第二列通道功能选项上，按下"RTN"键，进入通道功能选择界面，如图 6-77 所示，滑动触摸传感键面板选择要设置的功能，按下"RTN"键即可。一般前四项按照 1 副翼、2 升降、3 油门和 4 方向的原则进行设置。

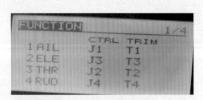

图 6-76　FUNCTION 界面

图 6-77　通道功能选择界面

4）在第三列"CTRL"选项上，可以选择由哪个遥杆、开关、旋钮进行控制。进行这项设置需要先找好遥杆、开关、旋钮的位置名称，并根据遥控器的操纵模式是美国手还是日本手进行位置设置，本次使用美国手设置，如图 6-78 所示。滑动触摸传感键面板，在第三列选项中按下"RTN"键，进入开关通道选择界面，如图 6-79 所示，选择需要的位置名称即可。

图 6-78　美国手

注意：如果不需要开关，则可滑动触摸传感键面板选择最后一项"无"，按下"RTN"键即可。

5）微调的设定在第四列，滑动触摸传感键面板移动光标到"TRIM"微调选项上，按下"RTN"键进入微调设定界面，如图 6-80 所示。一般设定微调的按钮为"T1-T4"，分别用来控制"J1-J4"四个通道的遥杆中立位置。

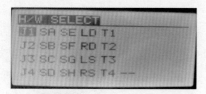

图 6-79　开关通道选择界面

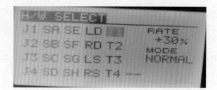

图 6-80　微调设定界面

6）在微调设定界面中，还可以设置微调的比率和微调模式。将光标移动到"RATE"（比率）选项，按下"RTN"键，即可调整比率。比率的默认值为 +30%，调整范围为 -150%~+150%，调整后按下"RTN"键即可完成。

注意：调整时按住"RTN"键 1s 钟即可恢复为默认值。

7）将光标移动到"MODE"选项，按下"RTN"键即可选择微调模式。微调模式共分为两种：一是"NORM"模式，按照一般微调（平行移动时的微调）进行动作；另一种是"ATL"模式，是油门微调中常用的模式，在此模式下还可以进行反向设置，按下"RTN"键，滑动触摸传感键面板进行"NORMAL"（正常）和"REVERSE"（反向）选择，再次按下"RTN"键完成设置。

开关设置

2. 中立微调

中立微调是设置各个通道开关中立位置的功能，也能对连杆状态下的舵面进项中立调整。一般当遥杆处于中位时，但通道数值不在中位或需要调整开关的中位时才使用此功能。当使用中立微调时，需要把功能设置中的数字微调置于中心位置。

1）双击触摸传感键面板上的"LNK"键，进入关联菜单，在关联菜单中找到"SUB-TRIM"选项，按下"RTN"键进入中立微调界面，如图 6-81 所示。

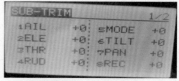

图 6-81　中立微调界面

2）滑动触摸传感键移动到需要调整的位置，按下"RTN"键，即可滑动触摸传感键，调整中位数值，初始值为 0，可调整的范围为 –240~240（步阶），调整后，按下"RTN"键确认。

3）在调整过数值之后，可以进入舵机显示界面查看通道是否位于中位。

3. 通道反向设置

通道反向设置可以让各通道舵机的动作方向反转，当通过遥控器控制无人机时，发现无人机的动作与操控运动方向是相反的状态，就需要进行舵机反向设置，也可以在飞控调参中设置。

1）操作遥控器上的各操纵杆、开关，确认各通道的动作方向是否正确，判断是否需要反向。

2）双击触摸传感键面板上的"LNK"键，进入关联菜单，在关联菜单中找到"SERVO REVERSE"选项，按下"RTN"键进入舵机反向界面，如图 6-82 所示。

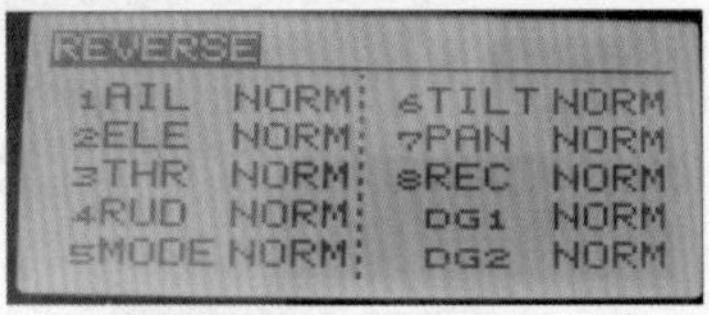

3）滑动触摸传感键到需要反向的通道上，按下"RTN"键，可选择"REV"（反向）和"NORM"（正常）。

图 6-82　舵机反向界面

4）选择好舵机反向模式后，按下"RTN"键完成舵机反向操作。

4. 通道行程量设置

"END POINT"用来调整通道两方向行程和差速转动，并可以用来纠正不正确的连接设定。

1）双击触摸传感键面板上的"LNK"键，进入关联菜单，在关联菜单中找到"END POINT"选项，按下"RTN"键进入通道行程量界面，如图 6-83 所示。

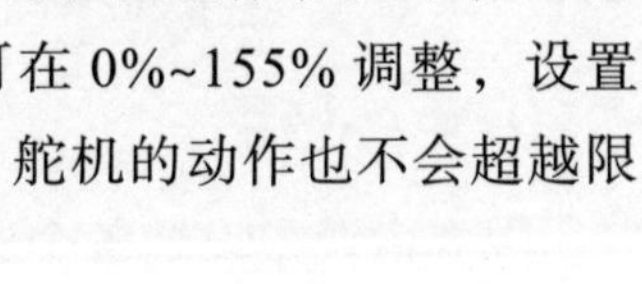

图 6-83　通道行程量界面

2）在界面左面，显示了通道序号和通道名称；界面上方的箭头标志显示当前的操作方向；界面内侧的数值为通道行程量的数值大小，可在 0%~140% 调整；外侧的数值为通道最大行程限制量数值，可在 0%~155% 调整，设置最大行程量限制点后，即使混控等操作使得通道行程量增加，舵机的动作也不会超越限制点。

3）通道行程量调整：将光标移动到想要设定的通道的行程量上，即内侧数值，初始值为 100%，按下"RTN"键，滑动触摸传感键面板进行调整，再次按下"RTN"键即调整完成。

注意：调整过程中，长按"RTN"键 1s 即可恢复到初始值。

4）通道最大行程限制量调整：将光标移动到想要设定的通道的最大行程限制量上，

即外侧数值，初始值为 135%，按下"RTN"键，滑动触摸传感键面板进行调整，再次按下"RTN"键即调整完成。

5. 舵机监控

在舵机监控中，可以通过图表和数值对舵机的动作进行确认，还能进行舵机测试。舵机监控界面不仅可以在关联菜单中进入，在模型菜单中也能调出。

1）双击触摸传感键面板上的"LNK"键，进入关联菜单，在关联菜单中找到"SERVO MONITOR"选项，按下"RTN"键进入舵机监控界面，如图 6-84 所示。

2）将光标移动到"OFF"位置，按下"RTN"键，滑动触摸传感键面板选择测试模式"Moving：各舵机重复动作"或"Neutral：各舵机锁定在中立位置"，按下"RTN"键进入测试。

图 6-84　舵机监控界面

3）当舵机测试结束，移动光标到测试模式位置，按下"RTN"键，滑动触摸传感建面板选择"OFF"，按下"RTN"键确认，返回舵机监控界面。

任 务 核 验

一、思考题

1. 想调节通道的灵敏度，共有几种办法？

2. 如何给飞行模式定义一个通道？

3. 当最大通道行程限制量小于设置的通道行程量的最大值时会怎样？

二、练习

请完成活页式工作手册项目 6 实训任务 4。

实训任务 5　计时功能的使用

　技能目标

1. 学会计时器设置倒计时的方法。
2. 学会计时器设定开关的方法。
3. 学会计时器设定油门通道联动的方法。
4. 能自行设置计时器的开关、时间等功能。

　任务描述

当我们专心致志操控无人机时，很容易忽略时间的流逝，使用遥控器上的计时器，可以帮助我们推算时间和计算大致的电池电量。计时器还能用来计算飞行总时长、比赛用特定时间、发动机的运行时间等。通过本次任务的学习，掌握计时功能的使用方法。

任务实施

本次任务里，通过学习计时器界面、倒计时设置、开关设置和油门联动正计时设置，掌握计时器的使用方法。

1. 计时器界面

进入计时器界面有两种方法：一种是滑动触摸传感键面板移动到主界面的"T1"或"T2"选项，按下"RTN"键进入；另一种是通过关联菜单中的"TIMER"选项进入。

为了更方便认识计时器界面，按功能把计时器界面分成了6项，如图6-85所示。

1）第一部分显示的是计时器的名称"ST1"，当前所计时间和"RESET"（时间重置）按钮。当需要重置当前所计时间时，滑动触摸传感键面板到"RESET"选项，按下"RTN"键，

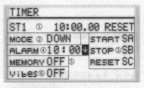

图6-85　计时器界面

时间即重置完成。

2）第二部分是计时模式选项，分别有"UP"（正计时）、"DOWN"（倒计时）和"HOUR"（时间模式）3 个选项可以选择。

3）第三部分是开关设定选项，分别是"START"（开始开关定义）、"STOP"（停止开关定义）和"RESET"（重置开关定义）。在此区域，可以实现拨动开关便能完成计时开始、计时停止和重置计时的功能。

4）第四部分是计时器时间设定选项，在"ALARM 10:00"位置可以设定计时的时间，最多可设置 59min59s 的时间。时间后的箭头代表了鸣响模式：箭头代表当计时启动时，时间每过 1min 就鸣响提示一次；箭头代表当到达报警的剩余时间，每缩短 1min 就鸣响一次。

5）第五部分是记忆设定选项，"OFF"表示如果变更了模型或关闭电源，计时器会自动清零；"ON"表示即使变更了模型或关闭电源，计时器也不会自动清零。

6）第六部分是振动模式选项，共分为 4 种，如图 6-86 所示，可以与辅助提示音一起提示时间。

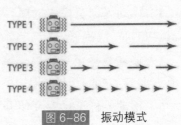

图 6-86　振动模式

2. 倒计时设置

1）进入倒计时器界面，移动光标到时间选项，按下"RTN"键。

2）滑动触摸传感键面板，调整想要设定的时间，以 10min 为例，按下"RTN"键确定。

3）移动光标至模式选项，按下"RTN"键，滑动触摸传感键面板选择"DOWN"选项，按下"RTN"键确认。

4）移动光标至鸣响模式选项，按下"RTN"键，滑动触摸传感键面板选择"DOWN"选项，按下"RTN"键确认。倒计时模式设置完成。

3. 开关设置

1）进入倒计时器界面，移动光标至倒计时开始开关设定选项，按下"RTN"键，进入开关选择界面。

2）滑动触摸传感键面板选择"SA–SH"开关，以选择"SA"开关为例，按下"RTN"键，进入阶跃开关设定界面，如图 6-87 所示。

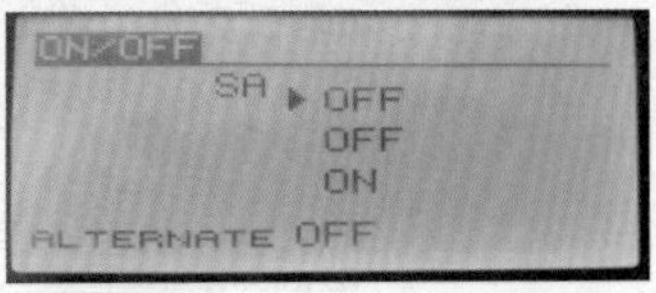

图 6-87　阶跃开关设定界面

3）给当前档位设置功能开启"ON"或功能关闭"OFF"命令，将光标移动到需要更改"ON/OFF"设定的位置，按下"RTN"键。

4）滑动触摸传感键面板，选择"ON/OFF"，按下"RTN"键确认。

5）移动光标至"ALTERNATE"（交替模式）选项，按下"RTN"键，选择"OFF：常规开关工作模式"或"ON：ON/OFF 交替工作"。

6）按下"RTN"键，完成模式更改。

7）将光标移动到画面上方的"ON/OFF"处，按下"RTN"键，回到上级界面。

8）其他两个开关的设定同理。

4. 油门联动正计时设置

1）进入计时器界面，移动光标到时间选项，按下"RTN"键。

2）滑动触摸传感键面板，调整想要设定的时间，以 10min 为例，按下"RTN"键确定。

3）移动光标至模式选项，按下"RTN"键，滑动触摸传感键面板选择"UP"选项，按下"RTN"键确认。

4）移动光标至鸣响模式选项，按下"RTN"键，滑动触摸传感键面板选择"UP"选项，按下"RTN"键确认。

5）移动光标至计时开始开关设定选项，按下"RTN"键，进入开关选择界面。

6）滑动触摸传感键面板选择"J3"开关，按下"RTN"键，进入模拟开关设定界面，如图 6-88 所示。

7）模拟量开关是指可以选择两种模式：一种是"LIN"（线性模式：以设定的点为基准，左右或上下为 ON/OFF）；另一种是"SYM"（对称模式：以中立位置为基准，左右或上下对称动作的模式）。

图 6-88　模拟开关设定界面

8）移动光标至模式选项，按下"RTN"键，滑动触摸传感键面板选择"LIN"，按下"RTN"键确认。

9）移动光标至"POS"选项，推动"J3"遥杆到想要设定倒计时开启和关闭分界的位置，按下"RTN"键即完成设定，此时柱形图中"ON/OFF"范围会改变。

10）移动光标至"ON/OFF"选项，按下"RTN"键，滑动触摸传感键面板选择是否需要反向，再次按下"RTN"键即完成设定。

11）移动光标至"ALTERNATE"选项，按下"RTN"键，滑动触摸传感键面板选择交替模式，再次按下"RTN"键即完成设定。

12）将光标移动到画面上方的"ON/OFF"处，按下"RTN"键，回到上级界面。

13）如果使用微调开关或旋钮开关，设定操作同"J3"开关。

■■■■■■■■■■■■　任 务 核 验　■■■■■■■■■■■■

一、思考题

1. 如果想用一个二阶开关同时控制计时器的开启和关闭，应怎样操作？

2. 如何给一个三档开关同时设定开启、关闭和重启功能？

二、练习

请完成活页式工作手册项目 6 实训任务 5。

项目 7 无人机载荷系统

本项目介绍了无人机载荷系统的重要知识。载荷系统是无人机的关键技术之一，主要作用是在无人机飞行过程中完成工作内容，它直接决定无人机的用途、功能和工作内容。载荷系统通常形态各异，但都需要在高空作业，这就对其重量、平衡、体积有较高要求，这对无人机能否顺利完成任务至关重要。

学习任务 1 摄像头类载荷系统的认知

 知识目标

1. 了解无人机各种载荷的组成部分。
2. 掌握无人机载荷的基本结构和相关术语。
3. 掌握无人机载荷各项标准和需求。

 任务描述

学习本部分的内容，是为了了解载荷系统的分类、组成部分、各项任务的意义，进而了解载荷系统的重要性和多样性。无人机的载荷系统有众多不同的应用方案。这里阐述的只是其中摄像头类载荷系统方案，主要内容包括照相机类载荷、摄像机类载荷、一般摄像头载荷 3 个部分。

（1）照相机类载荷 此类无人机载荷主要由单反相机组成，工作内容主要为航行测绘、倾斜摄影等。因为测绘需要大面积的土地地形数据，通常旋翼无人机无法承载重量较高、分辨率较高的单反相机执行大规模的测绘任务，所以搭载这种载荷的多为固定翼无人机。

（2）摄像机类载荷 此类无人机载荷主要由摄像机和云台组成，多数由多旋翼无人机搭载，工作内容主要为拍摄记录、电力巡线、搜救搜索、违法记录和现场指挥等，多数需要空中视角观察的任务都由摄像机类载荷完成。而固定翼无人机因为其特殊性，不能够稳定地在空中停留，所以搭载摄像头载荷的固定翼无人机一般只用来做第一视角飞行使用。

（3）一般摄像头载荷 此类载荷通常具有高昂的价格，所以一般应用在军事、企业、政府所使用的无人机上，用于防火、夜视，以及安防等。

任务学习

相关知识点 1：照相机类载荷

测绘无人机以无人机作为载体，以机载遥感载荷（如高分辨率数码相机等）获取信息，用计算机对图像信息进行处理，并按照一定精度要求制作成图像。全系统在设计和最优化组合方面具有突出的特点，是集成了高空拍摄、遥控、遥测、视频影像微波传输和计算机影像信息处理的新型应用技术。

测绘无人机相比传统人工测绘有高精度、高效率、低成本的优点。

测绘领域常使用的单相机为索尼 5100，这是满足任务需求的情况下最具性价比的方案。也有用更高画质的 A7R、A74，甚至佳能 5D、飞思等的。可根据实际情况在价格、工作效率、分辨率之间做权衡。

如果把多个相机进行组装，在前、后、左、右、中，每一个方位对应一台相机，就组成了倾斜相机，如图 7-1 所示。

目前来看，5100 拆机版 5 拼倾斜相机的体积能做得很小，类似较大的烟灰缸。A7R 的就要更大一些，这也需要根据飞机的载重能力、机身空间去做判断，如果是使用多旋翼的话，就要考虑带上载荷之后载重和续航时间能不能满足工作需求。

图 7-1 倾斜相机

如果只是用一部或两部相机，进行左、右、前、后摆动拍照，就组成了摆动式倾斜相机，如图 7-2 所示。

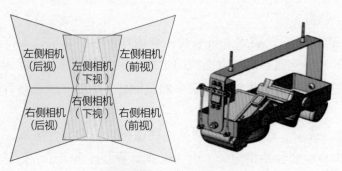

图 7-2　摆动式倾斜相机

　　摆动式倾斜相机是由两部相机前后摆动去捕捉前、中、后三组照片，两部相机加起来共采集 6 张照片。从原理和结构上来说，摆动式更复杂，摆动频率跟无人机的飞行速度相关。这种载荷增加了结构复杂度，也增加了故障概率，但是能省下多部相机的钱。

　　不论使用哪种相机，相机的镜头一定要选择定焦式。变焦相机的每一个焦段镜头畸变都是不同的，如果在拍摄时发生焦段变化，会对后处理软件造成困扰。另外，变焦和定焦的概念不同，通俗地说，变焦是改变取景范围大小，定焦是指将焦距对准离相机距离不同物体以保证对焦位置成实像。航测时，一般使用对焦到无穷远，即 15m 外景物均成实像。

相关知识点 2：摄像机类载荷

　　无人机摄像头已经成为非常普遍的无人机载荷，无论是婚礼仪式还是体育赛事，到处都可以找到。随着无人机最新的技术创新，无人机摄像头也在不断升级。

1. 拍摄

　　在无人机和摄像头载荷发明之前，在电影、纪录片或一些新闻报道中拍摄空中场景是一项艰巨的任务。人们过去常常是在直升机的帮助下拍摄的，即使拍摄一个场景价格也不低。但是，无人机通过搭载摄像头已完全解决了此问题。使用四轴飞行器或其他类型的无人机参与拍摄电影和电视剧已成家常便饭。导演和演员可以根据需要进行任意多次重拍，直到满意为止，而不必担心成本过高。

　　记者可以使用无人机来获得他们无法到达的地方的现场素材。例如，在抗议活动或其他一些群体事件中，无人机可以辅助进行新闻报道或现场直播。同样，无人机也被广泛用于体育赛事的现场直播，因为它们是记录比赛的最佳方式之一。

2. 防火

　　无人机消防载荷主要用于森林巡检场景中。当前每个哨所负责巡检的区域面积比较大，采用人工或者车辆进行巡检比较困难，因此利用无人机对森林进行往复的巡检。通过无人机任务规划功能，采用无人机抵近侦察及折线形和往返式的侦察方式对森林进行巡检，因无人机载荷侦察覆盖面积较大、侦察图像质量高及航程时间较长等特点，在对森林巡检过程中可以降低巡检任务的人工消耗和成本，并可有效提高巡检效率。

国家的重视，以及人工智能时代的到来，使无人机作为一个飞行载体，与森林防火领域的行业契合度越来越高。

通过无人机自主起降、智能规划航路，实时发现异常，确认异常点位置信息，不仅可以保护森防设施、预防森林火灾的发生，及时发现起火点，避免火势蔓延，还可以有效协助处理森林火情，协助林业和草原部门更加智能化、科学化、体系化地保护森林资源。

3. 测绘

航空摄影测量解决了测绘领域内快速获取大范围数据的问题。传统航空摄影测量使用的相机比较笨重，一般在几十千克，使用的飞行平台是载人飞机，所以相对航高较高，勉强可以做 1:1000、1:2000 地形图测绘，比例尺再大就看不清了，而且只有正射影像的航片，可能会丢掉许多细节，比例尺越大，需要采集的细节就越多，由于遮挡的原因无法采集所有 DLG（数字线划图）产品所需数据，所以还需要地面补测配合摄影测量成图。

近年来快速发展的无人机技术和倾斜摄影技术，为测绘快速获取数据打开了新的大门。无人机航测不仅受空域限制小，从策划到实施速度快，还因为飞行高度低，倾斜摄影提供多个角度同一地物的不同照片，可以有效消除航测死角，减少或完全消除地面外业补测工作。

如果低空无人机航测能大范围应用，相当于把测绘的外业工作转移到内业来（生产传统的测图产品目前仍需要大量的内业工作），变相提升了测绘工作者的工作环境。而且，外业工作也从传统的长期出差变成了"短期商务出差"，提升了工作效率，改善了工作环境。

4. 电力巡线

高压电是我国社会经济发展的重要能源支持之一，高压线路具有分布广、远离大部分城镇、所在地形复杂等特点，其电线及杆塔长期暴露在野外，受到持续的机械张力、雷击、材料老化和人为影响而产生断股、杆塔倾倒等损伤，需要及时修复和更换。同时还存在绝缘子被雷击、树木生长引起电线放电、杆塔被盗等意外状况发生。

传统的人工巡检方法工作量大、条件艰苦，特别是在山区和跨越大江大河电线的巡检，以及在极端天气、夜间环境的巡检，耗时长、困难大、成本高、风险大。

无人机巡线作业环境适应性强、准确性高。尤其在遇到电网经济故障和在异常天气条件下，其弥补了线路巡检人员不具备的交通优势，普通仪器或肉眼巡检准确性低、效率低等缺陷。无人机巡线比人工巡线效率高出 40 倍。采用无人机进行线路巡查，可降低劳动强度，提高维护和检修速度与效率，大大降低了成本。无人机具有巡线速度快、应急反应迅速、及时发现缺陷等优势。360° 巡线弥补了人工作业时的视觉盲区，准确提供信息，避免造成事故和重大财产损失。

相关知识点 3：一般摄像头载荷的组成

　　航拍无人机在发展初期，人们直接将相机固定在无人机上，这种方式虽然简单方便，但是当无人机飞行状态改变甚至是发生轻微抖动时，相机的画面也会同步抖动，大大影响了拍摄画面的质量。随着陀螺仪技术的不断成熟，陀螺仪的灵敏度和电动机的补偿速度都有所提高，无人机在飞行时即使产生了一定幅度的抖动，拍摄的画面依然会很平稳。

　　相机增稳系统也称为机载云台，拍摄设备的增稳系统主要由无刷电动机、陀螺仪传感器以及微控制器组成。云台是安装、固定摄像机的支撑设备，在多旋翼无人机飞行产生晃动和振动时起到稳定相机的作用，同时是实现摄像机姿态控制的装置，如图 7-3 所示。

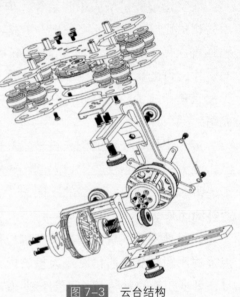

　　无人机云台的工作利用了多旋翼无人机利用陀螺仪平稳飞行的原理。当多旋翼无人机向某一角度倾斜时会被陀螺仪感应到，之后会利用算法迅速加强倾斜角度方向的电动机动力，从而使无人机恢复平衡。一般无人机云台都能满足相机的三个活动自由度 X、Y、Z 轴旋转，每个轴芯内都安装有电动机，当无人机倾斜时，

图 7-3　云台结构

同样会配合陀螺仪给相应的云台电动机加强反方向的动力，防止相机随无人机倾斜，从而避免相机抖动。

任 务 核 验

拓展问题

1. 请简述摄像头类载荷有什么应用。

2. 简述固定翼无人机载荷和多旋翼无人机载荷的区别。

3. 简述无人机搭载的摄像头的特点。

学习任务 2　机械载荷系统的认知

知识目标

1. 了解无人机机械载荷的组成部分。
2. 掌握无人机机械载荷的基本结构和相关术语。
3. 掌握无人机机械载荷各项标准和需求。

任务描述

学习本部分的内容，是为了了解无人机的机械载荷系统，主要内容包括：植保载荷、物流运输载荷、其他多功能载荷 3 个部分。

（1）植保载荷　无人机的植保载荷用于对农作物喷洒农药等工作，通过地面遥控或导航飞控，来实现喷洒作业，可以喷洒药剂、种子、粉剂等。植保无人机在效率、安全、环保、防治效果和成本等方面大幅领先于传统的人工植保方式，成为农业新的发展方向。

（2）物流运输载荷　电商的不断发展带来了快递业务量的与日俱增，同样，随之而来的是对快递行业能力的严峻挑战，交易商品越来越多，为提高配送的速度和质量，物流运输无人机应运而生。此类无人机载荷多为货仓，有固定式和可自动装卸式两种。无人机的类型也多种多样，不论是固定翼无人机还是多旋翼无人机或者垂直起降固定翼无人机，均有相应的发展空间。

（3）其他多功能载荷　无人机用途多样，成本低，适合执行的空中任务多样，也就产生了多功能无人机载荷。例如，警用多旋翼无人机的载荷有远程喊话扬声器、防暴催泪弹、震爆弹等；防火无人机载荷有变焦摄像头、热成像摄像头、灭火弹等；军用无人机则多为大型固定翼，搭载载荷也多为高清光电摄像头和各式武器装备。

任务学习

相关知识点1：植保载荷

多旋翼无人机喷洒药物，具有作业高度低、雾滴飘移少等特点，并且旋翼机产生的向下的气流有助于增加雾滴对作物的穿透性，可以将药液雾滴喷洒到植物叶片的背面，喷洒效果好。近年来，无人机药物喷洒已经被广泛地应用到农业植保领域，喷洒系统的结构装配技术已经成为无人机装配技术的一个重要应用项目。

植保载荷的工作系统组成包括：药箱、软管、液泵、喷杆、喷头以及无线开关等。其中，药箱挂在起落架上，液泵固定在药箱上，药箱出口通过软管和液泵进口连接，液泵的出口与喷杆进液口连接，喷杆上设有压力式雾化喷头。液泵与电源连接，并采用无线开关控制其工作通断，实现远程控制喷洒。

目前，植保无人机上用的水泵主要有压力泵和蠕动泵，喷头有压力喷头和离心喷头。压力泵和蠕动泵都比较稳定、耐用，抽杂质比较多的药液都不会有太大问题，因此很适合用在植保无人机上。压力喷头的优点是结构简单、耐用、雾滴飘移小，缺点是雾滴比较大。离心喷头的优点是雾滴均匀、雾滴比较细，缺点是结构复杂、容易坏、雾滴飘移大。

目前，市场上有三种组合，一是压力水泵配离心喷头，二是压力水泵配压力喷头，三是蠕动水泵配离心喷头。第一种组合为了实现较好的雾化效果，在前几年市场上，使用较多。第二种目前有比较多的产品使用，主要是产品稳定，问题比较少，售后轻松。第三种主要是广州极飞科技有限公司（以下简称极飞）在用。

为了实现精准控制流量和断药保护，喷洒系统还需要搭配不同的传感器。目前在这方面大疆和极飞做得比较稳定。大疆采用的是第二种搭配，配上开关液位计实现断药保护，另外再配上压力计和流量计控制水泵实现精准喷洒。而极飞采用的是第三种搭配，由于蠕动泵的流量控制比较线性，重复性比较高，即每一次通过水泵的流量都可以是一样的，因此其精准喷洒实现较为简单，所需喷药时间也可以很容易计算出来。但蠕动泵不能有外力的干扰，所以不能采用压力喷头，对水管也有要求。

相关知识点2：物流运输载荷

随着行业趋势的发展及行业内的改革转型，物流无人机的应用前景越来越被市场看好。我国农村或者是其他的偏远地区物流配送成本极高，配送周期很长。一个村庄的包裹很少，但是人车进出非常困难。为了让偏远地区的人们也能像城市消费者一样能享受优质极速的物流服务，很多电商公司都在着手研究这一难题。

1. 谷歌无人机

Google(谷歌)终极实验室"Google X"，在 2012 年启动了 "Project Wing" 无人机运输计划。项目启动之初，谷歌希望无人机能给心脏病发作的病人提供心脏除颤器，应用于救援场合。随着研究的进展，谷歌表示也可以向购物者送货，如图 7-4 所示。谷歌这款无人机是飞机和直升机的混合体，可垂直起飞再水平推进，该设计可利于包裹的放落。

图 7-4　谷歌无人机

谷歌为这款无人机申请了"悬停用绳索空投"的专利，即无人机无须停落在地面，只要在空中悬停，通过绞盘就能将包裹放落在地面上，绞盘索绳末端的传感器能判断包裹是否已落地。这一设计也是为救援等情况设计的。

2. 亚马逊 Prime Air 无人机计划

作为美国电商巨头，亚马逊参与无人机的目的十分明确，即为顾客提供最快速的服务。"Prime Air"无人机计划希望实现 30min 内将产品送到顾客手中。

它的操作原理也很简单：在顾客院子里设置一个降落点标记，无人机定位到标志点后会执行降落，打开底部舱门放下物品。而 Prime Air 无人机可在 15mile（1mile=1609.344m）的范围内运送低于 5lb（1lb=0.45359237kg）的货物。亚马逊无人机如图 7-5 所示。

图 7-5　亚马逊无人机

3. 京东物流

京东在 2015 年年末成立了专门针对未来智慧物流发展的 X 事业部，涉及物流无人机，如图 7-6 所示，至今已累计申请百余项专利，并在飞行控制、主动避障、智能化和集群飞行等方面进行了大量技术积累。当前京东正在研发飞行半径数百千米、载重从数百千克到数吨的中大型无人机，通过与陕西省的密切合作，将率先打造全球首个全域物流示范省份，并为我国无人机应用及监管开辟完整实践场景，逐步构建天地一体的无

图 7-6　京东物流无人机

人机智慧物流网络。在 2017 年 6 月 18 日，京东无人机在西安、宿迁两地实现了常态化运营，短短两个月内，累计配送 8086 单，航时达 30821min，航程 10242km，让众多消费者体验到了智慧物流所带来的便捷。

相关知识点 3：其他多功能载荷

除了上述已经较为成熟的无人机应用行业以外，在其他领域无人机也得到广泛的应用。比如，无人机应用于警务工作中且已经取得一定成果。

1. 警用无人机载荷

警用无人机具备"成本低、易操控、灵活性高"等特点，同时具备"查得准、盯得住、传得快"的优势，可从空中完成特殊任务且不易造成人员伤亡，快捷高效地完成隐蔽侦查、应急救援、应急追踪和现场取证等急难险重任务。这无疑是公安机关在信息化条件下，完成打击罪犯、维护稳定、服务人民等警务工作的利器，如图 7-7 所示。

图 7-7　警用无人机

当各类重大突发事件发生时，公安部门需要更高的应急处置能力。在处置过程中，面对通信不畅、交通受阻等复杂条件，能否迅速、全面、准确地获取现场情况，是进行分析研判及展开针对行动的前提。通过无人机空中监控，能够迅速开展大范围的现场观察，具有实时监控人员聚集、流向等方面的明显优势。同时，无人机通过特殊载荷，挂载高空喊话器、催泪瓦斯发射器等装置，可对现场聚集人员进行有效处置。

2. 消防无人机载荷

森林消防巡检是林业管理中必不可少的一部分，如图 7-8 所示。目前国内大部分林业和草原部门依旧采用人工巡检的方式进行林业巡检。而传统人工巡检方式，劳动强度大、效率低，且信息获取不准确，而卫星对森林资源的信息获取，由于获取周期长、时效性差，无法满足实时监控的需求。传统载人飞机巡检改善了卫星时效性差及人工巡检

图 7-8　消防无人机载荷

存在的问题，基本满足实时监测的需求，但在森林火灾等恶劣的环境下，飞行安全将会受到严重威胁，且其受环境、空域等影响较大，维护成本较高，不能满足林业的日常化管理。寻求一门新的高科技手段应用到森林资源监测、森林防火及林业执法中，已成为林业管理的一项亟待解决的重大课题。

目前，运用无人机执行消防巡检任务，是众多方案中可实施性与执行效果颇有保障的一种方式，该方案可以通过遥控器、智能地面站对无人机进行飞行控制。通过高清图像传输系统可将林区的监控视频实时传回地面站、指挥中心，第一时间为指挥部门提供有效的现场信息。同时，决策者可以在云端对无人机进行控制并发布指挥命令。

尽管消防无人机目前尚不能做到军用无人机的"察打一体"那样干脆直接地介入到应用领域，但是它仍在投递关键载荷与应急广播方面有不少的潜能等待开发。在高层建筑发生火灾的时候，消防人员面临的一大难题就是救援困难。目前的消防云梯的高度大多为 50m 或 80m，100m 以上的云梯还未普及。但建筑设计和土木工程的进步则远远地走到了前面。40 层以上的楼房比比皆是，已经突破了云梯的作业高度极限。在出现高层建筑火警的时候，如果消防无人机能够携带绳索上升到制高点，并在建筑物上构造一个高空吊载支点的话，将会给高层建筑的被困人员提供一个宝贵的逃生机会。

另外，消防人员在冲向火灾现场的时候，往往要背负沉重的设备。而对于攀爬高层建筑的消防人员来说，背负 20kg 重的设备爬到百米高层以后，很难再有充足的体能来实施救援。而此时如果让无人机来向高层建筑内投递关键设备的话，无疑能够大大减轻消防人员的负担，节省大量的体力。

在湍急河流、沼泽地、危险冰面上的被困人员在今后或许能够等来消防无人机递送的救生绳、救生衣或救生圈等救援物品。在灾后尚未能抢通道路的地区，被困人员或许能够在第一时间收到消防无人机送来的药品和食品。这种在短时间内能够以多个架次实施定点精确投递的能力是目前有人驾驶飞机难以做到的。

3. 军用无人机载荷

军用无人机诞生于 20 世纪初，伴随着世界军事变革，技术指标、应用空间不断拓展升级，以其装备使用成本低、环境适应性和机动性强、有效降低参战人员伤亡等优势，广泛用于侦察预警、电子对抗、通信中继、军事打击和战斗评估等领域。可以预见，军用无人机将越来越广泛地运用于现代化战争，并将重塑 21 世纪的作战方式。

军用无人机作为现代空中军事力量中的一员，具有无人员伤亡、使用限制少、隐蔽性好和效费比高等特点，在现代战争中的地位和作用日渐突出，并集中出现在近期的历次局部战争中，如图 7-9 所示。

 军用无人机

任务核验

拓展问题

1. 简述无人机使用植保类载荷相比传统植保方式所具有的优势。

2. 物流无人机对比传统物流的优势和劣势有哪些？

3. 无人机除了书中所列应用外还有哪些应用？

项目 8 无人机发射与回收系统

无人机的起飞和降落自然离不开相应的起降装置，也就是发射与回收系统。在无人机机型中，多旋翼无人机和无人直升机都可以完成垂直起降，对发射与回收系统的要求最低。固定翼无人机则由于其原理的特殊性，必须有一定的初始速度积累才能获得升空的升力。所以，基于固定翼无人机的特殊性，本项目主要讲解固定翼无人机发射与回收系统的相关知识。

学习任务　固定翼无人机发射与回收系统的认知

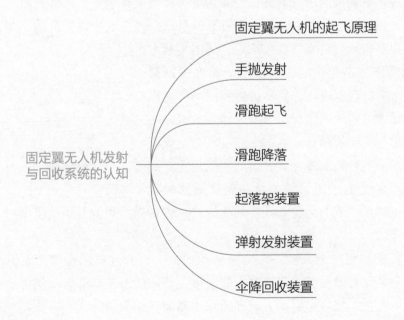

- 固定翼无人机的起飞原理
- 手抛发射
- 滑跑起飞
- 滑跑降落
- 起落架装置
- 弹射发射装置
- 伞降回收装置

固定翼无人机发射与回收系统的认知

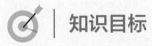 **知识目标**

1. 学习并了解固定翼无人机的起飞原理。

2. 了解固定翼无人机的起落架形式。

3. 掌握固定翼无人机弹射装置的原理。

4. 拓展研究固定翼无人机发射系统。

 任务描述

固定翼无人机发射方式很多，如滑跑起飞、弹射、手抛、垂直起飞、火箭助推和空投等，发射方式主要是对固定翼无人机初始动量（速度、高度）增加的研究；回收方式也很多，如着陆滑跑、伞降、着陆擦地、气囊和气垫回收、垂直降落、中空回收、绳钩和撞网回收等，回收方式主要是对固定翼无人机动量（速度、高度）减小的研究。在本学习任务中，主要探讨工业级固定翼无人机常用的发射与回收系统装置，看一看它们都有什么特点。

任务学习

相关知识点 1：固定翼无人机的起飞原理

探讨固定翼无人机的起飞原理，便要说起一个著名原理——伯努利原理。

丹尼尔·伯努利在 1726 年提出了伯努利原理："在水流或气流里，如果速度小，压强就大，如果速度大，压强就小。"虽然伯努利方程是由机械能守恒推导出的，仅适用于黏度可以忽略、不可被压缩的理想流体，但不妨碍我们利用它来分析固定翼无人机的起飞原理。当固定翼无人机向前运动时，引起与空气的相对运动，流经机翼上下表面的气流流速不一致导致机翼上下表面产生压力差，而垂直于相对气流方向的压力差的总和就是机翼的升

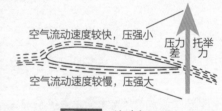

图 8-1　流速与压强

力，如图 8-1 所示。当升力大于固定翼无人机所受的重力以及其他的阻力时，固定翼无人机便飞了起来。

那么如何使固定翼无人机一直向前运动呢？人们通过给固定翼无人机增加动力装置，使得固定翼无人机在空中飞行时能够获得足够的动力维持空速来获得足够的升力。

目前，一些微小型固定翼无人机多采用手抛起飞的发射方式；一些稍大的轻型固定翼无人机通常采用滑跑起飞的发射方式；还有一些大型固定翼无人机会采用弹射起飞的发射方式。

在这些不同的发射方式中，都要遵循一个重要的原则——逆风起降。固定翼无人机

逆风起降的原因主要有两点：一是逆风起降可以使无人机的离地速度或着陆速度减小，因而可以缩短无人机起飞或着陆的滑跑距离；二是有更高的安全保障，迎风起降有利于增强无人机运动中方向的稳定性和操纵性。

相关知识点 2：手抛发射

手抛发射的固定翼无人机多采用泡沫材质制造而成，有着体积小、质量轻、起飞所需升力小的优点。当然，可以手抛发射的无人机的载重性能不足是无法避免的。

手抛发射较为简单，一般由两个人合作完成，一个人进行无人机的抛投工作，如图 8-2 所示，另一个人进行无人机的操控。虽然手抛发射方式形式简单，但操作难度较大，发射方法较难统一，需要无人机抛射手和无人机操控手训练有素配合默契。

进行固定翼无人机手抛发射操作时，首先要观察周围环境，根据要发射的机型选择合适的发射场地，在场地中观察风向、风速等。这些都会成为影响固定翼无人

图 8-2　手抛发射

机发射的因素。其次，手抛无人机时，抛射手需将无人机高高举起，注意手拿无人机的地方，防止螺旋桨转动时被伤到。当抛射手准备完毕后，操控手缓推油门至最大，此时抛射手随油门增加开始助跑，根据无人机的状况决定什么时候把无人机抛出，抛射角度一般在迎风向上 30°~45°。无人机抛射出后，操控手要根据无人机的姿态进行操控，以保证无人机在空中能平稳飞行。

相关知识点 3：滑跑起飞

无人机由地面静止转向空中飞行的整个过程称为起飞。准确地说，起飞是指无人机从起飞线（此时无人机相对于地面的速度和高度都为零）开始滑跑到离开地面，并且爬升至安全高度（一般在 25m 左右）为止的加速运动过程。整个起飞的过程可以分为三步：滑跑阶段、离地阶段、爬升阶段，如图 8-3 所示。

处于滑跑阶段时，无人机发动机起动，开始提供推（拉）力，使无人机开始向前滑跑，这个过程应缓慢加大油门，动作过大容易导致无人机失控。

处于离地阶段时，无人机运动速度变快，所受的升力逐步加大，其时，前（后）轮开始离地，应继续加大油门并缓拉升降舵。

处于爬升阶段时，无人机开始上升高度，此时可适当地调整油门和

滑跑起飞

升降舵，遥控无人机到达想要的高度时恢复平飞。要注意爬升时升降舵角度不宜过大，否则大迎角情况下无人机容易进入失速状态。

图 8-3　固定翼无人机起飞

根据滑跑的基体，可分为跑道起飞、车载起飞、水面起飞等起飞方式。地面跑道起飞方式的发射系统相对简单可靠，所需配套保障设备少，加速过程过载小，而车载起飞和水面起飞摆脱了对起飞跑道和地况的依赖，具有更好的机动灵活性。

在地面跑道使用起落架滑跑起飞是目前最普遍的固定翼无人机起飞方式，小到几千克型固定翼无人机，大到几百千克甚至吨级固定翼无人机都采用此种方式。

相关知识点 4：滑跑降落

无人机的着陆过程是指无人机从空中飞行状态降低高度和速度，回到地面的整个过程。它是无人机起飞的逆过程，一般来说，包括五个阶段：下滑、拉平、平飞、飘落和滑跑。

当无人机准备降落时，起落架放下（有的无人机不具备收放起落架功能），开始以稳定的速度沿一条近乎斜直线的航迹下滑。当下滑到离地面 6~12m 时，向后拉驾驶杆，使无人机迎角增大，进入拉平阶段。随后无人机的航迹逐渐转为水平，同时速度逐渐减小，而后进入平飞阶段。在平飞阶段无人机为了在速度减小的情况下保持水平飞行，其迎角继续增加，飞行速度进一步减小。当迎角增加到不能再增大时，无人机在重力的作用下逐渐下沉，开始进入飘落阶段。当无人机飘落至起落架的主轮接地时，便开始在地面滑跑，操控手操纵制动和减速装置继续减速，直至无人机完全停下来。

滑跑降落

相关知识点 5：起落架装置

起落架装置是飞行器重要的具有承力兼操纵性的部件，在飞行器安全起降过程中担负着极其重要的使命。起落架是无人机起飞、着陆、滑跑、地面移动和停放所必需的支持系统，是无人机的主要部件之一，其性能的优劣直接关系到无人机的使用与安全。

在固定翼无人机上使用的起落架一般分为两类：前三点式起落架和后三点式起落架。

1. 前三点式起落架

前三点式起落架是目前使用最为广泛的固定翼无人机起落架，如图 8-4 所示。其布局为两个主轮保持一定间距左右对称地布置在无人机质心稍后处，前轮布置在无人机头部的下方可以转动，也负责对航向的调整。

（1）前三点式起落架的优点

1）具有滑跑方向稳定性。当机身轴线偏离滑跑方向时，主轮摩擦力的合力将产生恢复力矩，使无人机回到原来的运动方向。侧风着陆时较安全。地面滑行时，操纵转弯较灵活。

图 8-4 前三点式起落架

2）当无人机以较大速度小迎角着陆时，主轮着陆撞击力对无人机质心产生低头力矩，减小迎角，使无人机继续沿地面滑行而不致产生"跳跃"现象，因此着陆操纵比较容易。

3）由于前起落架远离质心，因此着陆时可以大力制动而不致引起无人机"翻倒"，从而大大缩短着陆滑跑距离。

4）由于无人机轴线接近水平，因此起飞滑跑阻力小，加速快，起飞距离短。

（2）前三点式起落架的缺点

1）前起落架的安排较困难，尤其是对单发动机的无人机，机身前部剩余的空间很小。

2）前起落架承受的载荷大、尺寸大、构造复杂，因而质量大。

3）着陆滑跑时处于小迎角状态，因而不能充分利用空气阻力进行制动。在不平坦的跑道上滑行时，越过障碍（沟渠、土堆等）的能力也比较差。

4）前轮会产生摆振现象，因此需要有防止摆振的设备和措施，这又增加了前轮的复杂程度和质量。

2. 后三点式起落架

后三点式起落架的布局是两个主轮（主起落架）布置在无人机的质心之前并靠近质心，尾轮（尾支撑）远离质心布置在无人机的尾部，如图 8-5 所示。后三点式起落架通常使用在前拉式螺旋桨无人机上，当在停机状态时，无人机 90% 的质量落在主起落架上，其余的 10% 由尾支撑来分担，所以后三点式起落架质量比前三点式轻，但是地

图 8-5 后三点式起落架

面转弯不够灵活，制动过猛时无人机有倒立（俗称拿大顶）的危险。

（1）后三点式起落架的优点

1）后三点式起落架整体构造比较简单，质量也较轻。

2）在螺旋桨无人机上容易配置。螺旋桨无人机要产生大的推力，桨叶就要很大，这就使无人机设计安装时提高螺旋桨发动机的离地高度，符合装有后三点式起落架的无人机停留在地面时机头抬起很高、迎角很大的特点。

3）在无人机上易于装置尾轮。与前轮相比，尾轮结构简单，尺寸、质量都较小。

4）正常着陆时，3个机轮同时触地，这就意味着无人机在飘落（着陆过程的第四阶段）时的姿态与地面滑跑、停机时的姿态相同。也就是说，地面滑跑时具有较大的迎角，因此，可以利用较大的无人机阻力来进行减速，从而可以减小着陆时的滑跑距离。因此，早期的无人机大部分都是后三点式起落架布置形式。

（2）后三点式起落架的缺点

1）在大速度滑跑时，遇到前方撞击或强烈制动，容易发生倒立现象。因此，为了防止倒立，后三点式起落架不允许强烈制动，因而使着陆后的滑跑距离有所增加。

2）着陆速度要求高。若着陆速度过大，主轮接地的冲击力会使无人机抬头迎角增加，引起无人机升力增大而重新离地的"跳跃"现象，甚至会跳起后失速，发生事故。

3）地面滑跑时方向稳定性差。如果在滑跑过程中，某些干扰（侧风或由于路面不平，使两边机轮的阻力不相等）使无人机相对其轴线转过一定角度，这时在支柱上形成的摩擦力将产生相对于无人机质心的力矩，它使无人机转向更大的角度。

相关知识点6：弹射发射装置

弹射起飞是通过弹射装置的外力推动，将弹性势能、液/气压能、热能和电磁能等不同形式能量转换为动能，使无人机在一定长度的滑轨上实现加速升空的一种起飞方式。根据弹射储能的类型，可分为弹力弹射、液/气压弹射、燃气加热弹射和电磁等弹射方式。目前，工业级固定翼无人机常使用橡筋动力弹射系统，军用固定翼无人机常采用液压弹射、电磁弹射系统。

橡筋动力弹射系统主要由滑行轨道、小车、拉力橡筋、牵引钢丝、绞盘、开锁装置、能量释放机构和稳定支架等部件组成，如图8-6所示。

这类弹射架的能量源来自于橡筋，发射时无人机通过锁紧机构安置在小车上，绞盘拉动牵引钢丝使橡筋受力拉伸，无人机发动机开到最大，在开锁装置打开的瞬间，橡筋拉力爆发，小车托举着无人机在轨道上加速飞行，使得无人机获得足够的平飞速度，顺利飞行。

图8-6　橡筋动力弹射装置

橡筋动力弹射系统使用橡筋作为能量源，为了使得橡筋的弹性势能完全发挥，就需要有足够长度的滑轨使橡筋产生形变，因此使用橡筋发力的弹射系统结构相对复杂，装配与维护要求较高。但是，由于其可通过手摇或电动方式带动钢丝绞盘拉紧橡筋完成能量加载，不用借助其他能源，所以使用成本和制造成本较低。

相关知识点 7：伞降回收装置

　　伞降回收固定翼无人机是目前工业无人机常用的回收方式。降落伞主要由主伞和减速伞（阻力伞）二级伞组成，如图 8-7 所示。

　　固定翼无人机上降落伞一般安装在机腹位置，当无人机完成任务后，地面站发出遥控指令给无人机或使用无线电遥控器手动开伞，等无人机飞回到降落点上空，发动机停机，开启减速伞，使无人机减速，降高；当无人机降到一定高度时，打开主伞，此时主伞进入充气状态，无人机悬挂在主伞下慢慢着陆。为尽量减少无人机回收后的损伤，特别是为保护机载任务设备，有些无人机还在机体触地部位安装减振装置，充气袋是一种常用的减振装置，如图 8-8 所示。

图 8-7　降落伞装置

图 8-8　减振气囊

扩展知识：降落伞的简易折叠方法

任务核验

思考题

1. 撞网回收也是工业级固定翼无人机常用的回收方式，简述它的原理。

2. 手抛发射无人机存在哪些缺点？

3. 垂直起降固定翼是一种趋势吗？分析其优缺点。

参 考 文 献

［1］杨华保．飞行原理与构造［M］．2版．西安：西北工业大学出版社，2016.

［2］吴森堂．飞行控制系统［M］．2版．北京：北京航空航天大学出版社，2013.

［3］贾玉红．航空航天概论［M］．4版．北京：北京航空航天大学出版社，2018.

［4］孙毅．无人机驾驶员航空知识手册［M］．北京：中国民航出版社，2014.

［5］谢辉，王力，张琳．一种适用于中小型无人机的新型螺旋桨设计[J].航空工程进展，2015，6（1）：71-76.

［6］王永虎．直升机飞行原理［M］．成都：西南交通大学出版社，2017.

［7］王宝昌．无人机航拍技术［M］．西安：西北工业大学出版社，2017.

［8］戴凤智，王璇，马文飞．四旋翼无人机的制作与飞行[M].北京：化学工业出版社，2018.

［9］董朝阳，张文强．无人机飞行与控制[M].北京：北京航空航天大学出版社，2020.

职业院校无人机应用技术专业系列教材

无人机工作系统实用技术

活　页

学校_____

班级_____

姓名_____

学号_____

机械工业出版社
CHINA MACHINE PRESS

目　录

项目 2　无人机动力系统

实训任务 1　电动无人机动力系统搭配

 技能目标

1. 掌握挑选电动机的方法。
2. 掌握电动机的基本结构和相关术语。
3. 掌握挑选电调的要求。
4. 掌握螺旋桨的各项参数和类别。
5. 掌握电池的各项参数和类别。

 实训任务书

任务书见表 2-1。

表 2-1　任务书

序号	任务名称	任务描述与要求
1	挑选电动机	在挑选电动机时要先看无人机的大小、无人机的电动机座大小。其中，第一个考虑的参数为 KV 值。大 KV 值配小桨，小 KV 值配大桨
2	挑选电调	电调的选择主要看所需要的电流大小，根据电动机的 KV 值和定子的大小决定用多大的电调
3	挑选螺旋桨	螺旋桨规格型号中前两位数表示直径，后两位表示螺距
4	挑选电池	电池的选择上主要注意三项参数：电压、电池容量、电池放电系数

任务分组

学生任务分配见表 2-2。

表 2-2　学生任务分配表

班级：	组号：	组长：

本组成员：

任务分工：

任务分析

1.各组派代表阐述任务分析结果。

2.各组对其他组的任务分析结果进行评价。

3.教师结合学生完成情况进行点评、分析、总结。

任务实施

按照本组分析、讨论、归纳的结果生成任务报告单，见表 2-3。

表 2-3　任务报告单

序号	任务名称	任务报告
1	挑选电动机	所选电动机：

请

沿

虚

线

撕

下

（续）

序号	任务名称	任务报告
2	挑选电调	所选电调：
3	挑选螺旋桨	所选螺旋桨参数及材质：
4	挑选电池	所选电池参数：

评价反馈

评价反馈报告单见表 2-4。

表 2-4 评价反馈报告单

评价项目	自评	小组互评	教师评价
任务是否按计划时间完成			
相关理论完成情况			
任务完成情况			
任务创新情况			
语言表达能力及沟通协作			

实训任务 2 拆装电动多旋翼无人机动力系统并检修

技能目标

1. 掌握电动机动力系统的拆装和检修方法。
2. 掌握有刷电动机和无刷电动机的拆装方式。
3. 掌握有刷电调和无刷电调的安装方式。
4. 学会拆装和检修无人机动力系统。

实训任务书

任务书见表 2-5。

表 2-5 任务书

序号	任务名称	任务描述与要求
1	拆下螺旋桨	检查螺旋桨有无破损、故障
2	拆下电动机	检查电动机是否完整，有无破损、故障
3	拆下电调	检查电调有无破损、断裂、变形。用鼻子闻有无烧焦烟味
4	取下电池	检查电池有无鼓包、变形、漏液和温度失常。接口有无破损、开焊、杂质
5	将所有零件安装回原位	注意安装顺序，安装位置，禁止反接插头
6	通电检查机体	观察电调自检是否正常，电动机能否解锁，电动机旋转方向是否正常，旋转有无杂音，有无烧焦烟味

任务分组

学生任务分配见表 2-6。.

表 2-6　学生任务分配表

班级：	组号：	组长：

本组成员：

任务分工：

任务分析

1. 各组派代表阐述任务分析结果。
2. 各组对其他组的任务分析结果进行评价。
3. 教师结合学生完成情况进行点评、分析、总结。

任务实施

按照本组分析、讨论、归纳的结果生成任务报告单，见表 2-7。

表 2-7　任务报告单

序号	任务名称	任务报告
1	识别螺旋桨	螺旋桨参数： 螺旋桨长度： 螺旋桨螺距： 螺旋桨材质：
2	拆下螺旋桨	顺时针旋转的螺旋桨为 ＿＿＿ 桨，逆时针旋转的螺旋桨为 ＿＿＿＿＿ 桨。正桨有 ＿＿＿＿＿ 只，反桨有 ＿＿＿＿＿ 只

（续）

序号	任务名称	任务报告
3	检查螺旋桨	螺旋桨的状态：
4	识别电动机	电动机类型： 电动机参数： 电动机高度： 电动机直径： 电动机 KV 值： 电动机旋转方向：
5	拆下电动机	电动机的状态：
6	拆开电动机	卡簧直径大小：
7	清理电动机	电动机内部状态：
8	装回电动机	卡簧状态：
9	识别电调	电调的每根连线的连接位置：
10	拆下电调	使用电烙铁需要注意的事项：
11	检查电调	电调状态：

请 沿 虚 线 撕 下

（续）

序号	任务名称	任务报告
12	识别电池	电池类型： 电池参数： 电池容量： 电池放电系数： 电池 S 数： 电池是并联还是串联？
13	检查电池	电池状态：
14	装回原位测试	动力系统工作状态：
15	断电	总结任务：

 评价反馈

评价反馈报告单见表 2-8。

表 2-8　评价反馈报告单

评价项目	自评	小组互评	教师评价
任务是否按计划时间完成			
相关理论完成情况			
任务完成情况			
任务创新情况			
语言表达能力及沟通协作			

请 沿 虚 线 撕 下

实训任务 3　内燃机系统之活塞发动机的试车

技能目标

1. 能够分析二冲程发动机的结构组成。
2. 能够掌握二冲程发动机工作原理。
3. 能够独立拆解二冲程发动机。
4. 能够保养和组装二冲程发动机。
5. 能够对组装好的发动机进行试车和磨合。

实训任务书

任务书见表 2-9。

表 2-9　任务书

序号	任务名称	任务描述与要求
1	选择一个适合磨合的场地	由于汽油发动机工作时的声音很大，而且磨合时发动机连续长时间工作，因此应该在离人群特别是居民区数百米以上的地方进行磨合。同时，由于汽油发动机的化油器油路远比甲醇机的精细和复杂，极容易受灰尘杂质的干扰，因此应该选择清洁的场地磨合，以免螺旋桨气流卷起的灰尘进入化油器 要在试车台上磨合或测试发动机，必须有很好的减振装置，大排量发动机（如 50mL）以上最好安装在无人机上进行磨合
2	选择合适的试车台	一台坚固好用的磨车架，架身最好采用强化木地板条，通过螺钉固定后再用铁丝束紧，避免发动机工作时的振动使架身分开，上层可以打一些眼穿扎带来固定设备，用上摇臂可以调节油门钢丝的长短，调节油门分别在低、中、高速状态下磨合
3	将发动机安装到试车台上	将发动机安装到试车台上，注意减振以免损坏发动机
4	将燃油注入油箱	将燃油注入油箱准备点火

（续）

序号	任务名称	任务描述与要求
5	点火	关闭 CDI 供电，关闭风门，油门开大过半，快拨桨数下，看到油进入化油器后再拨两次。这样把油吸到化油器并雾化到气缸 打开 CDI 供电，保持风门关闭，大油门状态，快拨桨数下，听到燃爆声时停止。此时发动机进入能正常点火工作状态 保持 CDI 供电，打开风门，把遥控器油门杆收至离底部一至两格的高急速位置，快拨桨两三下即可顺利起动
6	选择磨合时间	不同厂家出厂的发动机，需要的磨合时间从数十分钟到十来个小时不等。具体磨合时间以说明书和厂家售后为准
7	选择磨合转速	选择磨合的转速。当磨合甲醇发动机时，可以使用 2000r/min 左右的转速进行长时间磨合。如果磨合汽油发动机，则需要在开始时用约 5% 的时间在低速（急速）磨合，让气缸与活塞适应性匹配工作；中间约 80% 的时间在 3000~4000r/min 的中速磨合，此时积炭很少，并且是使用量最多的转速；最后约 15% 的时间在最高速磨合。这样磨合后的发动机缸内清洁光亮、工作稳定、动力强劲。如果汽油发动机长时间地低速工作，会在火花塞、活塞坏及气缸壁上产生较为明显的积炭
8	熄火	磨合好后，熄火停车，记录磨合情况

🦢 任务分组

学生任务分配见表 2-10。

表 2-10　学生任务分配表

班级：		组号：		组长：

本组成员：

任务分工：

任务分析

1. 各组派代表阐述任务分析结果。
2. 各组对其他组的任务分析结果进行评价。
3. 教师结合学生完成情况进行点评、分析、总结。

任务实施

按照本组分析、讨论、归纳的结果生成任务报告单，见表 2-11。

表 2-11　任务报告单

序号	任务名称	任务报告
1	选择一个适合磨合的场地	选择场地位置：
2	选择合适的试车台	试车架材质： 试车架有无减振：
3	将发动机安装到试车台上	安装步骤：
4	将燃油注入油箱	燃油种类： 燃油和润滑油混合比例： 灌入燃油 ＿＿＿＿＿＿ 升
5	点火	点火步骤： 注意事项：
6	磨合的时间	磨合时间：
7	磨合的转速	磨合转速：
8	熄火停车	磨合状态： 发动机状态：

评价反馈

评价反馈报告单见表 2-12。

表 2-12   评价反馈报告单

评价项目	自评	小组互评	教师评价
任务是否按计划时间完成			
相关理论完成情况			
任务完成情况			
任务创新情况			
语言表达能力及沟通协作			

项目 3　无人机航电系统

实训任务　使用充电器给无人机动力电池充电

 技能目标

1. 了解各种充电器的区别。
2. 掌握充电器的使用方法。
3. 能够使用充电器充电。

 实训任务书

任务书见表 3-1。

表 3-1　任务书

序号	任务名称	任务描述与要求
1	接上电源并连接电池	推荐使用 1200W DC 27V 电源
2	选择电源类型	该充电器有 Battery 和 DC Power Supply 两种选择，推荐选择后者
3	设置充电参数	推荐选择 HIGH POWER 模式。同时，充电电池数量如果是一块，选择"NO"，如果是两块，选择"2P"，最大可选择"9P"
4	充电电流	充电电流为 10.0A
5	放电电流	推荐选择默认值 4.00A

（续）

序号	任务名称	任务描述与要求
6	充电	充电模式推荐选择"Charge Only" 以上步骤执行完成后，按"确认"键，系统进行电池检测，检测正常后，再按"确认"键，开始充电

任务分组

学生任务分配见表 3-2。

表 3-2　学生任务分配表

班级：		组号：		组长：

本组成员：

任务分工：

任务分析

1. 各组派代表阐述任务分析结果。
2. 各组对其他组的任务分析结果进行评价。
3. 教师结合学生完成情况进行点评、分析、总结。

任务实施

按照本组分析、讨论、归纳的结果生成任务报告单，见表 3-3。

请 沿 虚 线 撕 下

表3-3 任务报告单

序号	任务名称	任务报告
1	接上电源	所选电源:
2	选择电源类型	所选类型:
3	设置充电参数	所选充电参数:
4	充电电流	所选充电电流:
5	放电电流	所选放电电流:
6	充电	充电开始时电池电压: 充电结束时电池电压: 充电时间:

评价反馈

评价反馈报告单见表 3-4。

表 3-4　评价反馈报告单

评价项目	自评	小组互评	教师评价
任务是否按计划时间完成			
相关理论完成情况			
任务完成情况			
任务创新情况			
语言表达能力及沟通协作			

请 沿 虚 线 撕 下

项目 4　无人机飞控系统

实训任务 1　多旋翼无人机开源飞控的安装与调试

 技能目标

1. 掌握多旋翼无人机开源飞控的安装方法。
2. 掌握开源飞控的固件烧录方法。
3. 掌握多旋翼无人机各硬件之间的连接方法。
4. 掌握多旋翼无人机的开源飞控调试方法。
5. 能自行安装和调试一架多旋翼无人机。

 实训任务书

任务书见表 4-1。

表 4-1　任务书

序号	任务名称	任务描述与要求
1	安装多旋翼无人机飞控	把 PixHawk 飞控固定到 380 四旋翼无人机上。要求固定牢固，位置合理，方便后续插拔线操作
2	Mission Planner 地面站安装	下载并安装 Mission Planner 地面站。要求注意地面站的版本号并打开试用
3	固件烧录	给飞控烧录多旋翼固件。要求在线烧录，最后要显示固件号

（续）

序号	任务名称	任务描述与要求
4	硬件连接	进行飞控与硬件间的连接。要求走线合理不混乱，插口正确、牢固
5	基础调试	用数据线使飞控与地面站连接，进行多旋翼无人机的机架设置、加速度计校准、指南针校准、遥控器校准、电调校准、电动机转向测试、飞行模式设置、电源模块设置8个环节的调试。要求保证每一步的正确性，确保调试完成

任务分组

学生任务分配见表4-2。

表4-2　学生任务分配表

班级：		组号：		组长：

本组成员：

任务分工：

任务分析

1. 各组派代表阐述任务分析结果。

2. 各组对其他组的任务分析结果进行评价。

3. 教师结合学生完成情况进行点评、分析、总结。

任务实施

按照本组分析、讨论、归纳的结果生成任务报告单，见表 4-3。

表 4-3　任务报告单

序号	任务名称	任务报告
1	无人机选型	所选机型（需配图）：
2	安装飞控	把飞控安装到所选的无人机上（需配图）： 所用固定材料：
3	下 载 Mission Planner 地面站	打开 ArduPilot 官网，下载安装包（需配图）：
4	安 装 Mission Planner 地面站	安装地面站，显示地面站界面截图（需配图）：

（续）

序号	任务名称	任务报告
5	烧录固件	当前无人机应选择 _____ 固件 选择了 _____ 方式进行固件烧录 选择了 COM__ ，波特率为 _____
6	连接电调	简述电动机与飞控之间的连线
7	连接电源管理模块	电源管理模块安装在 _____ 接口上
8	连接接收机	接收机的连线接在 _____ 接口上，飞控上的接收机连接线接在 _____ 接口上
9	连接数传电台天空端	数传电台的信号线连接在 _____ 接口上
10	连接 GPS	GPS 的连接线一般插在 _____ 接口上，但一些 GPS 还会有多出的连线，需要连接在 _____ 接口上
11	连接 LED	LED 模块的连接线连接在 _____ 接口上
12	连接飞控与地面站	使用了哪种方法连接地面站和飞控：
13	机架设置	本次选择的无人机需要选择 _____ 机型
14	加速度计校准	进行加速度计校准需要 _____ 步。分别是：

（续）

序号	任务名称	任务报告
15	指南针校准	本次校准了 ___ 个指南针 简述校准过程： 校准过后指南针的偏移量： 1. X_____ Y_____ Z_____ 2. X_____ Y_____ Z_____ 3. X_____ Y_____ Z_____
16	遥控器校准	本次共校准了 _____ 几个通道 简述遥控器校准过程： 校准后遥控器的行程量： CH1 CH2 CH3 CH4 CH5 CH6 CH7 CH8
17	电调校准	简述电调校准的步骤：

（续）

序号	任务名称	任务报告
18	电动机转向测试	简述各个电动机转向： 1 号电动机： 2 号电动机： 3 号电动机： 4 号电动机： 5 号电动机： 6 号电动机： 7 号电动机： 8 号电动机：
19	飞行模式设置	本次一共设置 ＿＿＿＿ 种飞行模式 分别是：
20	电源模块设置	本无人机所使用的电池型号为 ＿＿＿＿V＿＿＿＿S＿＿＿＿C＿＿＿＿mA·h。 本次设置的分压比为 ＿＿＿＿ 安培为 ＿＿＿＿

评价反馈

评价反馈报告单见表4-4。

表4-4　评价反馈报告单

评价项目	自评	小组互评	教师评价
任务是否按计划时间完成			
相关理论完成情况			
任务完成情况			
任务创新情况			
语言表达能力及沟通协作			

实训任务 2　固定翼无人机开源飞控的安装与调试

技能目标

1. 掌握固定翼无人机飞控系统的组成部分。
2. 掌握固定翼无人机飞控系统的安装。
3. 掌握固定翼无人机飞控系统的基础调试和高级调试。
4. 能自行安装与调试固定翼无人机飞控系统。

实训任务书

任务书见表 4-5。

表 4-5　任务书

序号	任务名称	任务描述与要求
1	固件烧录	给飞控烧录多旋翼固件。要求在线烧录，最后要显示固件号
2	安装固定翼飞控	把 PixHawk 飞控固定到 X8 无人机上。要求固定牢固，位置合理，方便后续插拔线操作
3	硬件连接	进行飞控与硬件间的连接。要求走线合理不混乱，插口正确、牢固
4	基础调试	用数据线使飞控与地面站连接，进行固定翼无人机的加速度计校准、指南针校准、遥控器校准、电调校准、电动机转向测试、飞行模式设置、空速计校准、电源模块校准 8 个环节的调试。要求保证每一步的正确性，确保调试完成

任务分组

学生任务分配见表 4-6。

表 4-6　学生任务分配表

班级：	组号：	组长：

本组成员：

任务分工：

任务分析

1. 各组派代表阐述任务分析结果。
2. 各组对其他组的任务分析结果进行评价。
3. 教师结合学生完成情况进行点评、分析、总结。

任务实施

按照本组分析、讨论、归纳的结果生成任务报告单，见表 4-7。

表 4-7　任务报告单

序号	任务名称	任务报告
1	无人机选型	所选机型（需配图）：
2	烧录固件	当前无人机应选择 _____ 固件 选择了 _____ 方式进行固件烧录 选择了 COM__，波特率为 _____

（续）

序号	任务名称	任务报告
3	安装飞控	把飞控安装到所选的无人机上（需配图）： 所用固定材料：
4	连接电调和舵机	简述所连接的电动机与飞控之间的连线：
5	连接电源管理模块	电源管理模块安装在 _____ 接口上
6	连接接收机	接收机的连线接在 _____ 接口上，飞控上的接收机连接线接在 _____ 接口上
7	连接数传电台天空端	数传电台的信号线连接在 _____ 接口上
8	连接 GPS	GPS 的连接线一般插在 _____ 接口上，但一些 GPS 还会有多出的连线，需要连接在 _____ 接口上
9	连接 LED	LED 模块的连接线连接在 _____ 接口上
10	连接空速计	空速计模块的连线需要接在 _____ 接口上
11	连接飞控与地面站	使用了哪种方法连接地面站和飞控：
12	加速度计校准	进行加速度计校准需要 _____ 步。分别是：

（续）

序号	任务名称	任务报告
13	指南针校准	本次校准了 __ 个指南针 简述校准过程： 校准过后指南针的偏移量： 1. X_____ Y_____ Z_____ 2. X_____ Y_____ Z_____ 3. X_____ Y_____ Z_____
14	遥控器校准	本次共校准了 _____ 个通道 简述遥控器校准过程： 校准后遥控器的行程量： CH1 CH2 CH3 CH4 CH5 CH6 CH7 CH8

请 沿 虚 线 撕 下

（续）

序号	任务名称	任务报告
15	电调校准	简述电调校准的步骤：
16	电动机转向测试	简述各个电动机转向： 1 号电动机： 2 号电动机：
17	飞行模式设置	本次一共设置 ____ 种飞行模式 分别是：
18	电源模块设置	本无人机所使用的电池型号为 _____ V _____ S _____ C _____ mA · h 本次设置的分压比为 _____ 安培为 _____
19	空速计校准	校准空速计应选择飞控上的 _____ 选项 简述所进行的操作：

请

沿

虚

线

撕

下

评价反馈

评价反馈报告单见表 4-8。

表 4-8 评价反馈报告单

评价项目	自评	小组互评	教师评价
任务是否按计划时间完成			
相关理论完成情况			
任务完成情况			
任务创新情况			
语言表达能力及沟通协作			

请 沿 虚 线 撕 下

项目 6　无人机指挥控制通信系统

实训任务 1　模型选择

 技能目标

1. 学习模型的基本设置。
2. 掌握模型的选择、添加、删除和复制等操作。
3. 掌握模型的命名操作。
4. 能够自行进行模型设置。

 实训任务书

任务书见表 6-1。

表 6-1　任务书

序号	任务名称	任务描述与要求
1	开启遥控器	掌握开启遥控器的操作
2	进入模型选择设置	掌握如何进入模型选择设置

（续）

序号	任务名称	任务描述与要求
3	更改模型	掌握更改模型的操作
4	新建模型	掌握新建模型的操作
5	删除模型	掌握删除模型的操作
6	复制模型	掌握复制模型的操作
7	更改模型名称	掌握更改模型名称的操作

任务分组

学生任务分配见表6-2。

请 沿 虚 线 撕 下

表 6-2　学生任务分配表

班级：	组号：	组长：

本组成员：

任务分工：

任务分析

1. 各组派代表阐述任务分析结果。
2. 各组对其他组的任务分析结果进行评价。
3. 教师结合学生完成情况进行点评、分析、总结。

任务实施

按照本组分析、讨论、归纳的结果生成任务报告单，见表 6-3。

表 6-3　任务报告单

序号	任务名称	任务报告
1	开启遥控器	开启遥控器需注意什么？ 出现警报应如何操作？

（续）

序号	任务名称	任务报告
2	进入模型选择设置	进入模型选择界面的步骤：
3	更改模型	需要更改为遥控器中另一种模型应怎么做？
4	新建模型	新建一个固定翼模型的步骤：
5	删除模型	删除遥控器中的任意一个模型的步骤：
6	复制模型	复制刚新建的模型的步骤：
7	更改模型名称	把复制的模型名称更改为GDY，并写出步骤：

请　沿　虚　线　撕　下

评价反馈

评价反馈报告单见表 6-4。

表 6-4　评价反馈报告单

评价项目	自评	小组互评	教师评价
任务是否按计划时间完成			
相关理论完成情况			
任务完成情况			
任务创新情况			
语言表达能力及沟通协作			

实训任务 2 模型类型选择

技能目标

1. 掌握固定翼无人机和滑翔机的主翼类型和尾翼类型的选择方法。
2. 掌握无人直升机和多旋翼无人机的倾斜盘类型的选择方法。
3. 能不依靠课本，自行调整无人机的类型。

实训任务书

任务书见表 6-5。

表 6-5 任务书

序号	任务名称	任务描述与要求
1	固定翼无人机 / 滑翔机模型类型选择	掌握固定翼无人机 / 滑翔机模型类型的选择方法
2	无人直升机模型类型选择	掌握无人直升机模型类型的选择方法
3	多旋翼无人机模型类型选择	掌握多旋翼无人机模型类型的选择方法

任务分组

学生任务分配见表 6-6。

表 6-6　学生任务分配表

班级：	组号：	组长：

本组成员：

任务分工：

🔵 任务分析

1. 各组派代表阐述任务分析结果。
2. 各组对其他组的任务分析结果进行评价。
3. 教师结合学生完成情况进行点评、分析、总结。

🔵 任务实施

按照本组分析、讨论、归纳的结果生成任务报告单，见表 6-7。

表 6-7　任务报告单

序号	任务名称	任务报告
1	固定翼无人机／滑翔机模型类型选择	固定翼／滑翔机模型类型里都需要设置哪些选项？ 请为 X8 无人机设置一个模型，并写出步骤：

（续）

序号	任务名称	任务报告
2	无人直升机模型类型选择	无人直升机模型类型里都需要设置哪些选项？ 请为倾斜盘为 H-1 的无人直升机设置一个模型，并写出步骤：
3	多旋翼无人机模型类型选择	设置一个多旋翼无人机的模型，并写出步骤：

 评价反馈

评价反馈报告单见表 6-8。

表 6-8　评价反馈报告单

评价项目	自评	小组互评	教师评价
任务是否按计划时间完成			
相关理论完成情况			
任务完成情况			
任务创新情况			
语言表达能力及沟通协作			

实训任务 3 系统设置

技能目标

1. 掌握遥控器各个模式的区别。
2. 学会选择合适的遥控器模式。
3. 学会 FUTABA 接收机的对频方式。
4. 能自行设置遥控器模式并对频。

实训任务书

任务书见表 6-9。

表 6-9 任务书

序号	任务名称	任务描述与要求
1	系统模式认识	认识遥控器的几种系统模式
2	系统模式选择	能为对应的无人机设置一种系统模式
3	接收机数量选择	掌握接收机数量的选择方法
4	地区模式选择	掌握地区模式的选择方法
5	接收机配对	掌握接收机配对的方法

任务分组

学生任务分配见表 6-10。

表 6-10　学生任务分配表

班级：	组号：	组长：

本组成员：

任务分工：

任务分析

1. 各组派代表阐述任务分析结果。
2. 各组对其他组的任务分析结果进行评价。
3. 教师结合学生完成情况进行点评、分析、总结。

任务实施

按照本组分析、讨论、归纳的结果生成任务报告单，见表 6-11。

表 6-11　任务报告单

序号	任务名称	任务报告
1	选择系统模式	为所用的 380 无人机设置合适的系统模式，并写出步骤：

（续）

序号	任务名称	任务报告
2	接收机数量选择	当前无人机共用了 ___ 个接收机 写出设置步骤：
3	地区模式选择	当前所在的地区是 _____ 写出设置步骤：
4	接收机配对	配对接收机与遥控器，并写出步骤：

评价反馈

评价反馈报告单见表 6-12。

表 6-12　评价反馈报告单

评价项目	自评	小组互评	教师评价
任务是否按计划时间完成			
相关理论完成情况			
任务完成情况			
任务创新情况			
语言表达能力及沟通协作			

请 沿 虚 线 撕 下

实训任务 4　通道相关设置

 技能目标

1. 掌握无人机遥控器通道定义和通道反向设置。
2. 了解无人机遥控器通道行程量和通道灵敏度设置。
3. 能够自行定义无人机遥控器通道。
4. 思考飞控映射通道和遥控器定义通道的区别。

 实训任务书

任务书见表 6–13。

表 6–13　任务书

序号	任务名称	任务描述与要求
1	通道定义设置	学会如何定义通道
2	中立微调	掌握遥控器中立位置的调整方法
3	通道反向设置	掌握通道反向的设置方法

（续）

序号	任务名称	任务描述与要求
4	通道行程量设置	掌握通道行程量的设置方法
5	舵机监控	掌握舵机监控的设置方法

任务分组

学生任务分配见表6-14。

表6-14　学生任务分配表

班级：	组号：	组长：

本组成员：

任务分工：

任务分析

1. 各组派代表阐述任务分析结果。

2. 各组对其他组的任务分析结果进行评价。

3. 教师结合学生完成情况进行点评、分析、总结。

任务实施

按照本组分析、讨论、归纳的结果生成任务报告单，见表 6-15。

表 6-15　任务报告单

序号	任务名称	任务报告
1	通道定义设置	为 4 个基本通道定义摇杆位置，并写出步骤： 为 SW 开关定义模式切换通道，并写出步骤：
2	中立微调	调整油门摇杆的中立位置，并写出步骤：
3	通道反向设置	如果升降舵的操控反向了应该怎样设置？

（续）

序号	任务名称	任务报告
4	通道行程量设置	模式控制开关的行程达不到模式切换的标准应怎样做？
5	舵机监控	如何打开舵机监控查看当前舵机所在位置？

评价反馈

评价反馈报告单见表6-16。

表6-16　评价反馈报告单

评价项目	自评	小组互评	教师评价
任务是否按计划时间完成			
相关理论完成情况			
任务完成情况			
任务创新情况			
语言表达能力及沟通协作			

实训任务 5　计时功能的使用

技能目标

1. 学会计时器设置倒计时的方法。
2. 学会计时器设定开关的方法。
3. 学会计时器设定油门通道联动的方法。
4. 能自行设置计时器的开关、时间等功能。

实训任务书

任务书见表 6–17。

表 6–17　任务书

序号	任务名称	任务描述与要求
1	计时器界面	掌握计时器界面各部分的功能
2	倒计时设置	学会设置倒计时
3	开关设置	掌握如何设置计时开关
4	油门联动正计时设置	掌握如何为油门遥杆设置计时开关

任务分组

学生任务分配见表 6–18。

表 6-18　学生任务分配表

班级：	组号：	组长：

本组成员：

任务分工：

任务分析

1. 各组派代表阐述任务分析结果。
2. 各组对其他组的任务分析结果进行评价。
3. 教师结合学生完成情况进行点评、分析、总结。

任务实施

按照本组分析、讨论、归纳的结果生成任务报告单，见表 6-19。

表 6-19　任务报告单

序号	任务名称	任务报告
1	重置当前计时时间	当前计时时间为 _____，　重置之后计时时间为 _____
2	设置计时模式	当前计时模式为 _____ 设置计时模式为倒计时，并写出步骤：

（续）

序号	任务名称	任务报告
3	定义计时重置开关	为 SE 开关定义计时重置功能，并写出步骤：
4	定义计时开始 / 结束开关	把计时开始 / 结束开关定义在油门通道上。要求：油门 30% 以上开始计时，油门 30% 以下计时停止

评价反馈

评价反馈报告单见表 6-20。

表 6-20　评价反馈报告单

评价项目	自评	小组互评	教师评价
任务是否按计划时间完成			
相关理论完成情况			
任务完成情况			
任务创新情况			
语言表达能力及沟通协作			